透水性舗装ガイドブック 2007

舗装委員会　舗装設計施工小委員会　著

社団法人　日本道路協会

はじめに

　近年，道路交通騒音や振動など沿道環境のより一層の改善や，路面温度の上昇抑制など，環境問題への社会的関心が高まっているおり，13年に道路管理者に通知された「舗装の構造に関する技術基準」では，舗装の環境への負荷を低減するよう努めることを規定している．

　これに対する技術の一つとして近年，透水性舗装に大きな期待が寄せられている．透水性舗装には，雨水を舗装から路床へ浸透させる路床浸透型と，雨水を一時的に舗装内に貯留することで雨水流出抑制を図る一時貯留型があり，以下のような効果が期待できる．

- 水溜りの防止や舗装表面の雨水の滞水防止による走行性改善，歩行性改善，交通安全の向上
- 下水道の負荷軽減と道路排水施設の負荷軽減
- 雨水の貯留効果による河川への雨水流出抑制
- 水環境の保全と植生等地中生態系の改善
- 地下水の涵養
- 雨水の舗装体内保水による路面温度上昇抑制

　従来から歩道や駐車場を対象とした透水性舗装に関する技術書はあったが，特に車道を対象としたものはなく，これらに対応すべく，平成15年には財団法人 先端建設技術センターにより「環境に配慮した舗装構造設計・施工・維持管理要領（参考試案）」の中で透水性舗装の取り扱いが取りまとめられている．さらに平成16年に施行された「特定都市河川浸水被害対策法」を受けて，平成17年には独立行政法人 土木研究所がまとめた「道路路面雨水処理マニュアル（案）」が出版された．

　「透水性舗装ガイドブック2007」は，これら今までとりまとめられた技術的知見を踏まえ，実務者の参考になるように，今後実施される歩道・駐車場・車道での透水性舗装の試験舗装あるいは実施工などに活用されるべく，計画・設計・材料・施工・維持管理などに関する技術的知見を取りまとめたものである．しかしながら，前述のように，透水性舗装の実績は未だ少なく，それらの供用性や性能の持続あるいは性能の評価法など，不明の部分や課題も多い．そのため，これらの留意事項を解説で記述するとともに付録を充実させているが，個々の具体策に関しては，今後の研究や実績および施工者の技術的知見の蓄積に負っているところが多い．

　本ガイドブックが，今後の透水性舗装の試験舗装や実施工などに活用され，そこから現状の問題点の解決に役立つような新たな知見が得られ，新技術の開発や技術力の向上に繋がり，そして透水性舗装の普及が進み，これにより道路舗装が周囲の環境改善に大きく貢献することを期待するものである．

平成19年2月

舗装委員会　舗装設計施工小委員会
委員長　吉兼　秀典

舗装委員会

委員長　中　村　俊　行

舗装設計施工小委員会

委員長　吉　兼　秀　典

透水性WG
WG長　　久　保　和　幸
副WG長　加　形　孝　春
　　　　市　岡　寿　秀
　　　　伊　藤　克　弘
　　　　井　上　拓　悦
　　　　今　井　秀　護
　　　　鈴　木　直　夫
　　　　谷　口　輔　彦
　　　　中　西　也　寿
　　　　西　村　光　克
　　　　野　田　治　弘
　　　　堀　　　郎　拓
幹事長　海老澤　秀　治

目　　次

第1章　総説　　　　　　　　　　　　　　　　　　　　　　　　　　　1
1.1　本ガイドブック発刊の背景　　　　　　　　　　　　　　　　　　1
1.2　透水性舗装の位置付け　　　　　　　　　　　　　　　　　　　　2
1.3　透水性舗装の期待される効果　　　　　　　　　　　　　　　　　4
1.4　本ガイドブックの適用と留意事項　　　　　　　　　　　　　　　4

第2章　計画　　　　　　　　　　　　　　　　　　　　　　　　　　　6
2.1　車道透水性舗装の計画　　　　　　　　　　　　　　　　　　　　6
　2.1.1　概説　　　　　　　　　　　　　　　　　　　　　　　　　　6
　2.1.2　考慮すべき条件　　　　　　　　　　　　　　　　　　　　　6
　2.1.3　目標の設定　　　　　　　　　　　　　　　　　　　　　　　8
2.2　駐車場および歩道の透水性舗装の計画　　　　　　　　　　　　　10
　2.2.1　概説　　　　　　　　　　　　　　　　　　　　　　　　　　10
　2.2.2　考慮すべき条件　　　　　　　　　　　　　　　　　　　　　10
　2.2.3　目標の設定　　　　　　　　　　　　　　　　　　　　　　　10

第3章　設計　　　　　　　　　　　　　　　　　　　　　　　　　　　12
3.1　設計の考え方　　　　　　　　　　　　　　　　　　　　　　　　12
　3.1.1　概説　　　　　　　　　　　　　　　　　　　　　　　　　　12
　3.1.2　適用箇所に応じた設計方法　　　　　　　　　　　　　　　　14
　3.1.3　透水性舗装の種類　　　　　　　　　　　　　　　　　　　　16
3.2　車道透水性舗装　　　　　　　　　　　　　　　　　　　　　　　17
　3.2.1　概説　　　　　　　　　　　　　　　　　　　　　　　　　　17
　3.2.2　舗装の構成　　　　　　　　　　　　　　　　　　　　　　　17
　3.2.3　構造設計　　　　　　　　　　　　　　　　　　　　　　　　17
　3.2.4　透水設計　　　　　　　　　　　　　　　　　　　　　　　　18
　3.2.5　浸透・貯留施設の設計　　　　　　　　　　　　　　　　　　22
3.3　駐車場透水性舗装　　　　　　　　　　　　　　　　　　　　　　24
　3.3.1　概説　　　　　　　　　　　　　　　　　　　　　　　　　　24
　3.3.2　舗装の構成　　　　　　　　　　　　　　　　　　　　　　　24
　3.3.3　舗装断面設計　　　　　　　　　　　　　　　　　　　　　　24
　3.3.4　透水設計　　　　　　　　　　　　　　　　　　　　　　　　24
　3.3.5　浸透・貯留施設の設計　　　　　　　　　　　　　　　　　　24
3.4　歩道透水性舗装　　　　　　　　　　　　　　　　　　　　　　　25
　3.4.1　概説　　　　　　　　　　　　　　　　　　　　　　　　　　25
　3.4.2　舗装の構成　　　　　　　　　　　　　　　　　　　　　　　25
　3.4.3　舗装断面設計　　　　　　　　　　　　　　　　　　　　　　25
　3.4.4　透水設計　　　　　　　　　　　　　　　　　　　　　　　　25
　3.4.5　浸透・貯留施設の設計　　　　　　　　　　　　　　　　　　25

第4章　材料 26
4.1　概説 26
4.2　構築路床用材料 26
4.3　フィルター層 26
4.4　路盤材料 27
　4.4.1　粒状路盤材料 27
　4.4.2　アスファルト系路盤材料 28
　4.4.3　セメント系路盤材料 29
4.5　表・基層用材料 29
　4.5.1　アスファルト系混合物 30
　4.5.2　コンクリート系混合物 31
　4.5.3　ブロック系材料 32
4.6　その他の材料 33

第5章　施工 34
5.1　概説 34
5.2　施工計画 34
5.3　施工方法 35
　5.3.1　施工の基盤の確認 35
　5.3.2　構築路床の施工 35
　5.3.3　フィルター層の施工 36
　5.3.4　透水性アスファルト舗装の施工 36
　5.3.5　透水性コンクリート舗装の施工 39
　5.3.6　透水性ブロック舗装の施工 41
　5.3.7　既設舗装との継ぎ目の施工 41
5.4　浸透構造物 41
5.5　既存地下埋設物対策 42
5.6　管理と検査 42

第6章　性能の確認 48
6.1　概説 48
6.2　性能確認の例 48
6.3　透水性舗装のモニタリング 49

第7章　維持・修繕 51
7.1　概説 51
7.2　透水性舗装の破損原因と対応策 51
7.3　今後の課題 52
　7.3.1　舗装としての耐久性に係わる維持管理 52
　7.3.2　透水性舗装の機能に係わる維持管理 52
　7.3.3　発生材の有効利用（リサイクル） 53

付録−1　水収支計算例 -- 付 - 1
付録−2　簡便な透水設計例 -- 付 - 8
付録−3　関連図書 -- 付 - 11
付録−4　施工断面例 -- 付 - 17
付録−5　モニタリングの事例 -- 付 - 21

第1章　総　説

1.1　本ガイドブック発刊の背景

　従来，舗装は道路表面を被覆することによって，雨天時の泥濘化や乾燥時の砂塵を防止し，道路利用者や沿道住民の環境改善に役立ってきたが，一方で雨水を舗装表面で排水する構造が，地下水の枯渇，地中生態系への影響，河川や下水道への流出増大による都市型水害などの一因とされている．

　雨水を地下に浸透させる特長を有する透水性舗装は，昭和48年頃から主に歩道用として大都市を中心に広く採用されてきた．社団法人 日本道路建設業協会では昭和50年7月に透水性舗装研究委員会を設置し，同年「透水性舗装ハンドブック」を発刊するに至った．この中で対象とした透水性舗装は，歩道，軽交通道路，駐車場などの構内舗装であった．

　平成5年頃になると，新潟市や建設省近畿地方建設局（現国土交通省近畿地方整備局）などで，車道用透水性舗装の試験舗装が始まり，平成10年には，国土交通省中部地方整備局と愛知県が「環境に配慮した道路構造研究会」を発足させ，都市洪水などの環境問題への対策の一つとして，本格的な車道透水性舗装の研究[1),2)]が始まった（**写真-1.1**）．

　最近では，都市型洪水被害が全国各地で毎年のように発生し，大きな都市問題の一つになっている（**写真-1.2**）．都市化により雨水が地下浸透できず，雨水管を通じて短時間の内に河川に放流されることが直接的原因である．この対策として，「特定都市河川浸水被害対策法」が平成15年6月11日に成立，平成16年5月に施行され，透水性舗装を一つの舗装技術として確立する必要性が高まってきた．これを受けて，国土交通省，独立行政法人 土木研究所が中心となって直轄国道における全国的な試験舗装を通じて，重交通道路への適用検討[3)]に着手した．これらの研究成果を踏まえて，平成17年6月には独立行政法人 土木研究所から土木研究所資料第3971号として「道路路面雨水処理マニュアル（案）」が公表されるに至った．このマニュアル（案）は，「特定都市河川浸水被害対策法」により指定された特定都市河川流域内での雨水流出抑制対策を主としてまとめられたものである．

写真-1.1　公園内道路の透水性舗装
（名古屋市平和公園内，写真左：透水性舗装，写真右：通常舗装）

写真-1.2　集中豪雨により浸水した地下鉄駅（東京都港区，平成16年，台風第22号）
（平成17年度　国土交通白書より）

このような背景の下，社団法人 日本道路協会では，「特定都市河川浸水被害対策法」により指定された特定都市河川流域内に留まらず，あらゆる地域でこの透水性舗装を設計・施工する上でのガイドラインとして，設計，材料，施工の面から本ガイドブックを取りまとめるに至った．

(注) 1) 川西寛，藤井則義：環境に配慮した舗装構造の技術開発 −産業廃棄物を活用した，重交通に耐えうる全断面透水性舗装の構築−，舗装，Vol.36, No.2, 2001
2) 菊地俊浩：車道透水性舗装実用化に向けての取組み，アスファルト，Vol.47, No.215, 2004
3) 伊藤正秀：雨水を浸透させる舗装の普及の実態と今後の展開，アスファルト，Vol.47, No.215, 2004

【解　説】

「特定都市河川浸水被害対策法」は，都市部を流れる河川の流域において，著しい浸水被害が発生し，またはそのおそれがあり，かつ，河道等の整備による浸水被害の防止が市街化の進展により困難な地域について，浸水被害から国民の生命，身体又は財産を保護するため，当該河川及び地域をそれぞれ特定都市河川及び特定都市河川流域として指定し，浸水被害対策の総合的な推進のための流域水害対策計画の策定，河川管理者による雨水貯留浸透施設の整備その他の措置を定めることにより，特定都市河川流域における浸水被害の防止のための対策の推進を図り，もって公共の福祉の確保に資することを目的として制定された．

同法で指定された都市河川流域では，宅地等（宅地等には道路が含まれる）以外の土地を宅地等に変更する行為（雨水浸透阻害行為）で，政令で定める規模（1000 m^2）[4)]以上の場合には知事等の許可が必要となり，政令で定める技術的基準である当該地域の10年確率の降雨に対して，最大流出雨水量が雨水浸透阻害行為後においても行為前よりも上回らないように，雨水貯留浸透施設を設置すること（対策工事）が義務づけられる．舗装工事は，この雨水浸透阻害行為の中に含まれ，一定の条件に該当する道路・街路新設工事については，透水性舗装や浸透・貯留施設を設置し，雨水流出抑制対策を行う必要がある．

(注) 4) 都道府県等の条例で 500 m^2 以上 1000 m^2 未満とする範囲内で別に定めることができる。

1.2　透水性舗装の位置付け

本ガイドブックで取り扱う透水性舗装は，雨水を表層から基層，路盤に浸透，または一時貯留できる構造を有する舗装として位置付けた．また，ここで対象とする透水性舗装は，「特定都市河川浸水被害対策法」により指定された特定都市河川流域内に限定することなく，あらゆる地域を対象とし，車道，歩道（広場などを含む）あるいは駐車場などに適用されるものとする．

路面雨水処理の基本パターンとしては，**図−1.1** に示す路床浸透型，**図−1.2** に示す一時貯留型がある．

（1）路床浸透型

雨水を舗装から路床へ浸透させることで雨水流出抑制を図るもので，路床が砂質系で

透水が期待でき，かつ，路床を安定処理せず一定の支持力が得られる箇所へ適用される．

（2）一時貯留型

　雨水を一時的に舗装内へ貯留することで雨水流出抑制を図るもので，路盤，路床以下において浸透が期待できないか，路床の安定処理が必要な箇所等で適用される．この場合，浸透・貯留施設や排水施設を用い浸透または排水する．

　一時貯留型では，地質・地形条件等を考慮した上で，雨水流出抑制を効率的に実施できるよう浸透トレンチ，浸透ます，浸透側溝，浸透管，排水ます，排水管等を選定または組合せる．

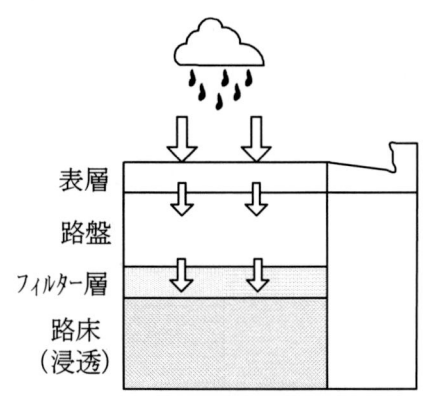
図-1.1　路面雨水処理例
（路床浸透型）

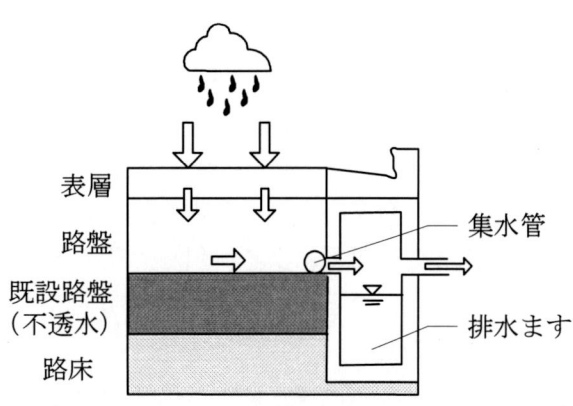
図-1.2　路面雨水処理例
（一時貯留型）

　現在までの透水性舗装の普及状況は，必ずしも「特定都市河川浸水被害対策法」の対象となる流域とは限らず，全国の広い地域に拡がっている．本ガイドブックは，流出雨水量の計算などにおいて「道路路面雨水処理マニュアル（案）」の考え方を参考にし，「特定都市河川浸水被害対策法」の制約を受けない地域でも，透水性舗装が適用できることを前提とした．

【解　説】

　従来，透水性舗装は舗装を通じ雨水を直接路床へ浸透させ，地中に還元する機能を持つ舗装とされていたが，「舗装設計施工指針（平成18年版）」では，雨水を表層，基層，路盤を通して，路盤以下に浸透させることができるような舗装構造と位置付けられている．

　現在までの試験舗装の結果によると，路床の浸透能力が雨水の浸透を十分に許容できるものであるとは限らず，地下有孔管を通じて排水施設に排水せざるを得ない場合が多々あるようである．しかし，その場合でも一時的な雨水貯留効果は確認されており，本舗装が期待する効果や目的は達成されている．あるいは，施工コストや新たに使用すべき資材の量などを考慮すると，路床に雨水を浸透させるために既設舗装を全層打換えることが最善とも考え難く，既設舗装の一部を残して透水性舗装に改築する場合なども想定される．

　したがって，ここでは雨水の路床への浸透を必要条件とはせず，「雨水を表層から基層，路盤に浸透，または一時貯留できる構造を有する舗装」と位置付けることにした．

　透水設計の基本的な考え方を以下に示す．

① 舗装としての耐久性（支持力・走行安全性等）を確保する．
② 路面雨水を舗装内および貯留・浸透施設に一時貯留させた後，構築路床や路床（原地盤）へ浸透あるいは舗装外へ排水させる．
③ 原地盤の雨水流出の程度に対応し，かつコストを考慮した適切・合理的な設計とする．

1.3 透水性舗装に期待される効果

透水性舗装により，雨水を舗装内に浸透，一時貯留できる構造にすることで以下のような効果が期待できる．定量的データや具体的効果については，「環境改善を目指した舗装技術（2004年度版）」（社団法人 日本道路協会）などを参照されたい．

- 水溜りの防止や舗装表面の雨水の滞水防止による走行性改善、歩行性改善、交通安全の向上
- 下水道の負荷軽減と道路排水施設の負荷軽減
- 雨水の貯留効果による河川への雨水流出抑制
- 水環境の保全と植生等地中生態系の改善
- 地下水の涵養
- 雨水の舗装体内保水による路面温度上昇抑制

1.4 本ガイドブックの適用と留意事項

本ガイドブックは，透水性舗装を新設，修繕する場合，または透水機能を有さない舗装を透水性舗装に改築する場合に適用する．ただし，以下の場合においては，構造，使用材料，施工方法などについて特に十分な検討を行う必要がある．

① 雨水の浸透により，盛土構造の安定性に問題が生じる恐れのある場合
② 積雪寒冷地の場合
③ 地下水位が高い場合
④ 既設舗装や隣接構造物との接合部

一般的な透水性舗装を設計・施工する場合は，本ガイドブックを参考とし，流出抑制性能などを検討する場合および「特定都市河川浸水被害対策法」に対応する場合には，「道路路面雨水処理マニュアル（案）」に従う．

なお，排水施設の負荷軽減や雨水流出抑制などに対しては，浸透・貯留施設等も含めて総合的に対応する．

【解 説】

本ガイドブックは，今までに実施された試験舗装で得られた知見をもとに作成したものであり，想定されるあらゆる道路条件についての知見が蓄積されているわけではないので，以下の事項に配慮する．

① 路床，路体への雨水の浸透により盛土が弱体化し，すべり破壊を誘発する恐れがある．特に高盛土や切盛境は，すべり破壊の発生しやすい箇所であり，十分な調査と検討が必要である．
② 透水性舗装は舗装内部まで雨水を浸透させるため，積雪寒冷地においては路床の水分による凍上の恐れがある．また，タイヤチェーンや除雪作業の影響による空隙

づまりや空隙つぶれの懸念もある．これら事項を十分に検討して適用する必要がある．
③ 地下水位が高く路床が浸水状態にある場合，路床の支持力が急激に低下することが懸念される．この様な状態が長期間続くような地域では，路床の保護方法，路床内もしくは路体内の排水施設について十分検討する必要がある．
④ 従来，舗装の設計は，雨水が浸入しないことを前提に設計施工されている．このような既設舗装と透水性舗装とが接合する箇所では，透水性舗装から既設舗装に雨水が浸透しないような配慮が必要である．また，隣接構造物との接合部では，構造的な弱点となる恐れがある．このような箇所で透水性舗装を採用する場合は，十分な検討が必要である．

また，本ガイドブックを適用するに当たっては，関連する指針なども併せて参照されたい．関連する指針などには以下のようなものがあるが，軽交通や駐車場での透水性アスファルト舗装の実績が多いアメリカでは，NAPA (National Asphalt Pavement Association) によりガイドライン：Design, Construction and Maintenance Guide for Porous Asphalt Pavements (NAPA Information Series 131, 2003) が出版されており，参考になる．

- 舗装の構造に関する技術基準・同解説（社団法人 日本道路協会，平成 13 年 7 月）
- 舗装性能評価法 －必須および主要な性能指標の評価法編－（社団法人 日本道路協会，平成 18 年 1 月）
- 舗装設計施工指針（平成 18 年版）（社団法人 日本道路協会，平成 18 年 2 月）
- 舗装施工便覧（平成 18 年版）（社団法人 日本道路協会，平成 18 年 2 月）
- 舗装設計便覧（社団法人 日本道路協会，平成 18 年 2 月）
- インターロッキングブロック舗装設計施工要領（社団法人 インターロッキングブロック舗装技術協会，平成 12 年 7 月）
- 道路土工排水工指針（社団法人 日本道路協会，昭和 62 年 6 月）
- 舗装試験法便覧（社団法人 日本道路協会，昭和 63 年 11 月）
- 舗装試験法便覧別冊（暫定試験方法）（社団法人 日本道路協会，平成 8 年 10 月）
- 駐車場設計・施工指針同解説（社団法人 日本道路協会，平成 4 年 11 月）
- 雨水浸透施設技術指針[案]調査・計画編，構造・施工・維持管理編（社団法人 雨水貯留浸透技術協会，平成 9 年 4 月）
- 道路路面雨水処理マニュアル（案）（独立行政法人 土木研究所 編著，山海堂，2005 年 12 月）
- 構内舗装・排水設計基準（社団法人 公共建築協会，国土交通省大臣官房官庁営繕部建築課監修，平成 13 年 4 月）
- よく分かる透水性舗装（水と舗装を考える会 編著，山海堂，1997 年 7 月）
- 車道用透水性舗装の手引き（新潟市道路協議会，平成 11 年 4 月）
- 下水道施設計画・設計指針と解説（前編）（社団法人 日本下水道協会，2001 年）

第2章 計　画

　透水性舗装の計画を策定する上で，考慮すべき諸条件は適用箇所によって異なる．本章では，適用箇所を車道，駐車場および歩道に分け，透水性舗装を計画する上で考慮すべき条件，目標の設定などについてとりまとめた．

2.1 車道透水性舗装の計画

2.1.1 概　説
　ここでは，透水性舗装を車道に適用する場合，すなわち車道透水性舗装について，考慮すべき条件，目標の設定について述べる．車道に用いるためには，当該舗装が雨水流出抑制効果を有するとともに，繰返し交通荷重に対する構造的耐久性，路面性能を有していなければならない．このような効果や性能を舗装の設計期間を通して維持することを前提に，設計上必要とされる条件などについて記述する．

2.1.2 考慮すべき条件
（1）地質条件
　車道透水性舗装の構築に際し，路盤や路床（原地盤）の地質条件を確認することは，車道透水性舗装の雨水処理方法の選定や構造設計，あるいは雨水の浸透速度を計算する上で非常に重要となる．路床に雨水を浸透させる構造を考える場合には，路床の支持力特性や透水係数，地下水位の位置などを把握することも必要である．また，既設舗装の一部を車道透水性舗装に改良する場合は，車道透水性舗装が構築される基盤となる層あるいはそれ以下の層の透水係数などの確認が必要となる．
　① 路床の支持力・耐水性
　車道透水性舗装の構造設計は，基本的に「舗装設計施工指針（平成18年版）」に準じて行う．したがって，路床の支持力は多くの場合設計CBRで評価されることになる．しかし，従来の舗装設計は，雨水を舗装体内に入れないことが基本となっている．路床へ雨水を浸透させることで，路床の支持力・耐久性の低下が懸念されるため，現状の支持力確認だけでなく，路床土に関する調査等も行い，雨水の影響を慎重に検討する必要がある．
　② 路床の透水能力
　車道透水性舗装の構造を路床浸透型とする場合，路床の透水能力は雨水の浸透量あるいは路床を含めた舗装体の貯留可能な雨水の量に影響する重要な性能である．言い換えれば，道路を雨水の流出抑制の目的で考える場合，路床の透水能力は流出雨水量に大きく影響する．
　路床を含む原地盤の透水係数を測定する方法として「ボアホール試験」がある．試験方法の詳細は，「雨水浸透施設技術指針［案］調査・計画編」を参考にするとよい．
　しかし，現場において路床の透水試験を数多く実施することは，作業工程やコスト面の上でも負担となるような場合が多いため，室内透水試験の活用も含め効率的な調査計画を立案し実施するとよい．また，室内透水試験の使用を検討する際には，関東ロームやまさ土のように乱した試料では測定値が変化する土質もあるため，事前調査

により確認が必要である．調査の考え方については，「道路路面雨水処理マニュアル（案）」を参考にするとよい．

③ 路盤の透水能力

既設路盤などをそのまま利用して車道透水性舗装に改良する場合は，透水性路盤として利用できるかどうかを判断する必要がある．さらに，それを利用することによる当該透水性舗装の雨水一時貯留可能量（式(3.3)）もしくは雨水浸透量を算出する必要がある．一般に，粒度調整砕石やクラッシャランなどの粒状路盤材料の場合，最大粒径や粒度により骨材間隙率や透水係数が変化するため，既設路盤材の性状を把握することが重要である．

（2）道路の立地条件

① 地形

車道透水性舗装を計画する道路の立地条件や沿道の土地利用条件により，性能指標や目標水準が選定されなければならない．計画に際しては地域の特性を理解した上で，地域の要求に応え得る設計・施工が行われなければならない．また，車道透水性舗装の舗装体内を通して浸透した雨水は，路床さらには路体まで影響を及ぼすことになる．安定した排水能力の確保や路体の安定性を考える上で，車道透水性舗装を計画する道路が盛土か切土かの違いにも配慮が必要となる．

② 隣接構造物への対策

車道透水性舗装を計画する道路に接する箇所，あるいはその地下に共同溝やボックスカルバートなどの構造物があるかどうかの事前確認が必要である．これらの箇所では，浸透した雨水により構造物に悪影響を及ぼすことがある．道路と構造物との境界部では雨水が流れ込みやすくなり，いわゆる「みずみち」ができ舗装を脆弱化させる恐れが生じる．また，車道透水性舗装を計画する道路の既設舗装が，密粒度混合物等の不透水な表層・基層をもつ舗装構造区間の場合，車道透水性舗装の起終点箇所等においては，舗装構造の変化点が生じることになる．透水性舗装の中に浸透した雨水が，既設舗装区間の路盤や路床に流れ込み，支持力低下等の悪影響を及ぼす危険がある．

このような箇所では，車道透水性舗装を設計する上で適切な配慮と措置が求められる．（「5.3.7 既設舗装との継ぎ目の施工」を参照する．）

（3）気象条件

車道透水性舗装を計画する地域の降雨量や降雨強度を把握することで，地域の気象特性に合った設計降雨強度を設計し，適切な雨水処理計画に反映させる．また，積雪寒冷地では凍結，凍上防止に留意する必要がある．路床面あるいは浸透施設を設置する場合にはその浸透位置が，計画する地域の凍結深さ以上の深さになるように留意する．

【解　説】

車道透水性舗装が，「特定都市河川浸水被害対策法」に則り雨水流出抑制を目的に計画される場合，同法施行規則により基準降雨は10年確率中央集中型降雨波形と定められ，当該地域における基準降雨は都道府県の長が定めるとしているため，基準降雨は地域で定まったものを使用することになる．具体的な降雨波形（ハイエトグラフ）の作成方法は，「道路路面雨水処理マニュアル（案）」を参考にするとよい．

その他の地域における降雨確率年は，その目的により異なる．下水道に関しては「下水道施設計画・設計指針と解説（前編）」によれば原則として5～10年としているが，道路の排水施設に関しては「道路土工　排水工指針」により3年確率で示している．一般に，確率年が小さくなるほど降雨強度も小さくなる傾向にあるが，同じ確率年でも降雨継続時間をどう設定するかにより降雨強度は異なってくる．

たとえば，道路の排水施設設計で示される標準降雨強度は3年確率で示されているが，10分値（降雨継続時間）を採用しているため，全国の降雨強度は60～130mm/hと高い範囲を示している．また，ある地域での降雨強度と降雨継続時間の

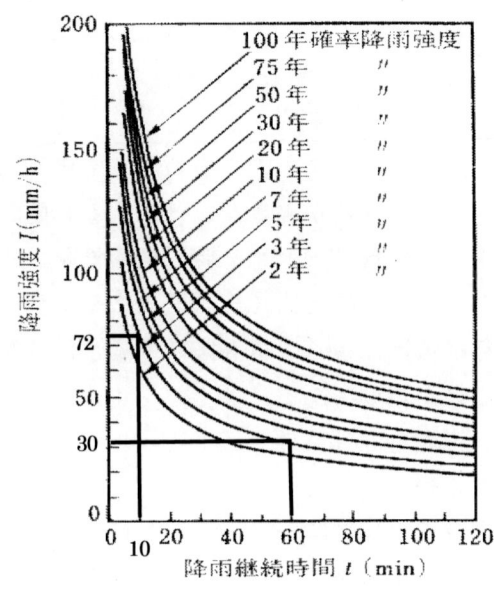

図－2.1　降雨強度と降雨継続時間
出典：「下水道工学」（森北出版，1993年5月）

関係（図－2.1参照）より，降雨継続時間を10分値と60分値で比較すると降雨強度は72mm/hから30mm/hに低減される結果となる．

透水性舗装を計画する場合には，透水性舗装を採用する目的，立地条件，既存あるいはこれから計画される排水施設計画などを考慮して，適切な降雨強度・降雨量を設定することが重要である．

2.1.3　目標の設定
（1）舗装の設計期間

舗装の設計期間は，「舗装設計施工指針（平成18年版）」に従い，道路交通や沿道環境に及ぼす舗装工事の影響，当該舗装のライフサイクルコスト，利用できる舗装技術等を総合的に勘案して設定する．これまで試験舗装等で採用されている舗装の設計期間の実績としては，アスファルト系舗装で10年もしくは20年，コンクリート系舗装で20年が多いようである．

（2）舗装計画交通量

舗装計画交通量は，「舗装設計施工指針（平成18年版）」に従い，道路の計画交通量，自動車の重量，舗装の設計期間等を考慮して設定する．

（3）舗装の性能指標
① 必須の性能指標

車道透水性舗装の必須の性能指標は，本構造を採用した場合の効果を考慮し，「舗装の構造に関する技術基準・同解説」に示されている疲労破壊輪数，塑性変形輪数，平たん性，浸透水量の4項目とする．これらの基準値は「舗装設計施工指針（平成18年版）」に示されている値とする．

【解　説】
　本構造は，透水性舗装を前提とするものであり，「舗装の構造に関する技術基準・同解説」および「舗装設計施工指針（平成18年版）」に示されている必須の性能指標とする．すなわち，疲労破壊輪数については**表－2.1**および**表－2.2**，塑性変形輪数については**表－2.3**，平たん性および浸透水量については**表－2.4**に示すとおりである．

表－2.1 疲労破壊輪数の基準値（普通道路，標準荷重49kN）

交通量区分	舗装計画交通量 （単位：台／日・方向）	疲労破壊輪数 （単位：回／10年）
N_7	3,000 以上	35,000,000
N_6	1,000 以上 3,000 未満	7,000,000
N_5	250 以上 1,000 未満	1,000,000
N_4	100 以上　250 未満	150,000
N_3	40 以上　100 未満	30,000
N_2	15 以上　40 未満	7,000
N_1	15 未満	1,500

表－2.2 疲労破壊輪数の基準値（小型道路，標準荷重17kN）

交通量区分	舗装計画交通量 （単位：台／日・方向）	疲労破壊輪数 （単位：回／10年）
S_4	3,000 以上	11,000,000
S_3	650 以上 3,000 未満	2,400,000
S_2	300 以上　650 未満	1,100,000
S_1	300 未満	660,000

表－2.3 塑性変形輪数（普通道路）

区　分	舗装計画交通量 （単位：台／日・方向）	塑性変形輪数 （単位：回／mm）
第1種，第2種，第3種第1級及び第2級並びに第4種第1級	3,000 以上	3,000
	3,000 未満	1,500
その他		500

※ 小型道路は，道路の区分や舗装計画交通量に係わらず500回/mm以上に設定

表－2.4 平たん性，浸透水量（普通道路，小型道路）

区　分	平たん性 （単位：mm）	浸透水量 （単位：ml／15s）
第1種，第2種，第3種第1級及び第2級並びに第4種第1級	2.4 以下	1,000 [2]
その他		300

（注）　1) **表－2.1〜表－2.4**は，「舗装設計施工指針（平成18年版）」から引用
　　　　2) 積雪寒冷地域等において目標空隙率を20％未満に設定する場合，最大粒径が10mmや8mmの粗骨材を用いる場合，混合物層を4cmよりも薄くする場合などは，検討の上別途定めるとよい．

② 必要に応じて定める性能指標
　必要に応じて定める性能指標としては，都市型洪水の防止，生活環境の保全，交通安全の観点より「最大流出量比」，「雨水一時貯留可能量」，「騒音値」，「すべり抵抗値」

などを設定する．「騒音値」，「すべり抵抗値」の詳細については，「舗装設計施工指針（平成18年版）」，「舗装性能評価法 －必須および主要な性能指標の評価法編－」を参照する．また，雨水対策に関する性能指標には，「最大流出量比」と「雨水一時貯留可能量」があるが，これらの詳細については，「3.2.4 透水設計」を参照する．

(4) 雨水処理計画

本ガイドブックでは，雨水が路床あるいはそれ以下の層にまで浸透することを前提とした路床浸透型と，雨水が舗装体内に一時的に貯留され一定時間後に外部に排出される一時貯留型の両方を透水性舗装として位置付けている．したがって，一時貯留型の透水性舗装においては，一時貯留あるいは一定時間後に外部に排出するための施設が必要となる．透水管，排水ます，浸透トレンチ，浸透ますなどがこれに当たる．このような施設の種類，規模，数量，設置位置などを計画段階で明確にする必要がある．雨水浸透施設の調査・計画・構造・施工などの詳細については，「雨水浸透施設技術指針［案］ 調査・計画編」および「雨水浸透施設技術指針［案］ 構造・施工・維持管理編」を参考にするとよい．

2.2 駐車場および歩道の透水性舗装の計画

2.2.1 概　説

本節で述べる透水性舗装は，一般乗用車の利用を目的とした駐車場，歩道，自転車歩行者専用道路，歩行者専用道路，公園内道路，広場などの主に歩行者が利用する道路を対象とする．一般に駐車場には，道路に設けられるものから立体駐車場等の建築物までさまざまなタイプが存在するが，ここでは雨水を浸透可能な路床・路盤を有する構造の平面式駐車場を対象とする．なお，駐車場の舗装に関する基本的な設計・施工については，「構内舗装・排水設計基準」，「駐車場設計・施工指針　同解説」などを参考にするとよい．

駐車場や歩道等の透水性舗装には，アスファルト混合物系の他にブロック系，景観系の舗装からも透水機能を有するものが施工されるようになった．ここではこのような新しい透水性舗装も対象とし，駐車場や歩道等の透水性舗装の計画を策定する上で必要とされる条件などについて記述する．

2.2.2 考慮すべき条件

駐車場や歩道等の透水性舗装を計画するに当たり考慮すべき条件は，原則として車道透水性舗装と同様であり，「2.1.2 考慮すべき条件」を参照する．

2.2.3 目標の設定

(1) 舗装の性能指標

駐車場の透水性舗装に要求される性能としては，透水性等がある．また，歩道の透水性舗装に要求される性能としては，すべり抵抗性，透水性等が考えられる．**表－2.5**に「舗装設計施工指針（平成18年版）」に目標値として例示された性能指標値を示す．

表-2.5 歩道の透水性舗装の性能指標の目標値の例

性　能	性能指標	目標値
すべり抵抗性	すべり抵抗値	BPN 40 以上
透水性	浸透水量	300ml/15s 以上

（2）雨水処理計画

　駐車場や歩道等の透水性舗装を計画するに当たり，雨水処理計画は原則として車道透水性舗装と同様であり，「2.1.3(4) 雨水処理計画」を参照する．

第3章 設 計

透水性舗装は交通荷重に対する疲労破壊抵抗性の低下などが懸念されることから，これまで歩道を中心に採用されてきた．近年では車道へ適用される場合も多く見受けられ，耐久性を確保するとともに，必要に応じて雨水流出抑制性能を付加することができる設計手法の構築が求められている．透水性舗装の設計手法は，既に独立行政法人 土木研究所をはじめとする多くの関係機関により検討が進められており，本章では各適用箇所(車道，駐車場，歩道)における設計方法を包括的にとりまとめた．

3.1 設計の考え方

3.1.1 概　説

路面に降った雨水を処理する構造は，「道路路面雨水処理マニュアル（案）」では図－3.1に示すように7つに分類されており，そのなかで透水性舗装を用いた処理方法が5つ示されている．すなわち，透水性舗装は路面雨水処理の主体を占める工法ではあるが，すべてではない．

一方，透水性舗装の効果は1.3節で述べたが，路面下への雨水の浸透・貯留による効果としては，「雨水の流出抑制効果」，「地下水の涵養・植生など地中生態系の改善」，「走行安全性の向上・沿道環境の改善」といった，おおむね3つのタイプに分けることができる．図－3.1に示す透水性舗装を含む路面の雨水処理方法は，必ずしも3タイプの効果を同時に有しているものではない．これらの関係を示したのが，表－3.1である．

表－3.1 雨水処理方法に期待される効果

「道路路面雨水処理マニュアル(案)」での7つの雨水処理方法			路面下への雨水の浸透・貯留による効果		
			雨水の流出抑制効果	地下水の涵養・植生など地中生態系の改善	走行安全性の向上・沿道環境の改善
透水性舗装	A	透水性舗装(路床浸透型)	○	○	○
	B	透水性舗装(一時貯留型)＋浸透施設	○	○	○
	C	透水性舗装(一時貯留型)	○	×	○
	D	透水性舗装(一時貯留型)＋貯留層等割増し	○	×	○
	E	透水性舗装(一時貯留型)＋貯留施設	○	×	○
透水性舗装以外の路面雨水処理	F	浸透施設	○	○	×
	G	貯留施設	○	×	×

本来，透水性舗装には3タイプの効果をすべて有した舗装構造とすることが望ましいが，施工条件，路線の重要度，予算などの制約条件を勘案し，優先すべき効果を選択し設計を行うことが多い．しかし，いずれの場合も，舗装の設計期間に対して十分な疲労破壊抵抗性などを有する構造でなければならない．

透水性舗装を用いた雨水処理方法

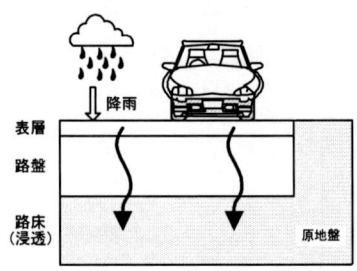

A：透水性舗装(路床浸透型)

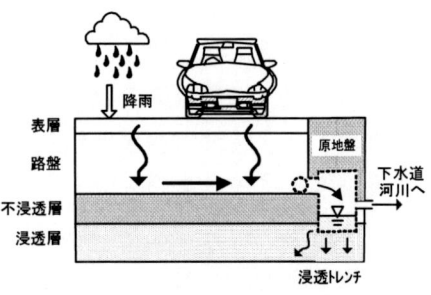

B：透水性舗装(一時貯留型)
　＋浸透施設

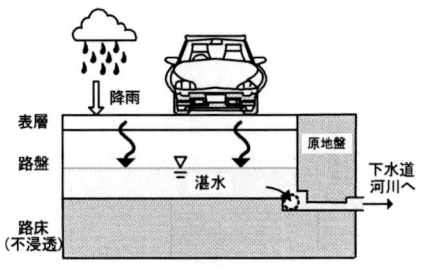

C：透水性舗装(一時貯留型)

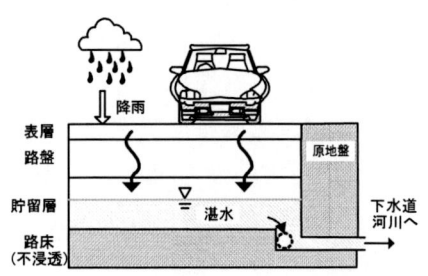

D：透水性舗装(一時貯留型)
　＋貯留層等割増し

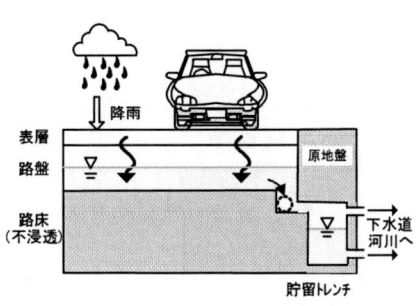

E：透水性舗装(一時貯留型)
　＋貯留施設

透水性舗装を用いない雨水処理方法

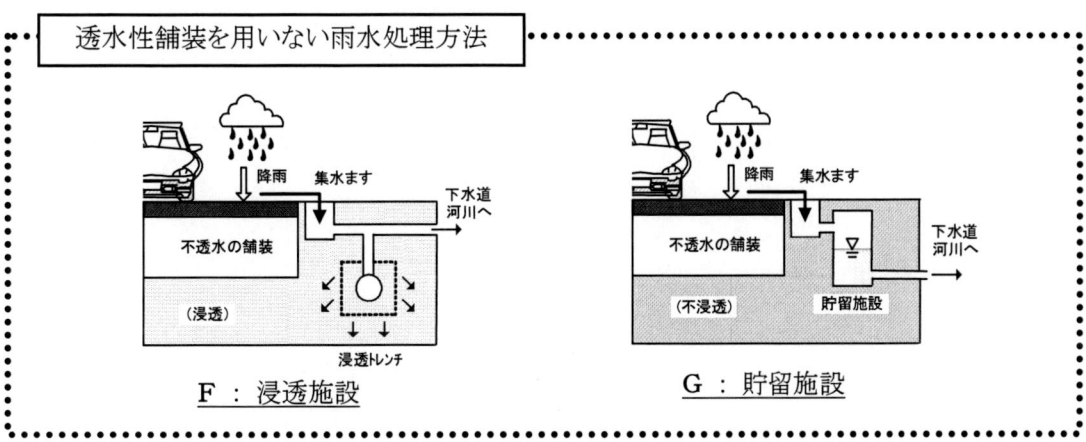

F：浸透施設　　　　　　　G：貯留施設

図-3.1　「道路路面雨水処理マニュアル(案)」(独立行政法人　土木研究所　編著，山海堂，2005年12月)での基本的な路面雨水処理方法

たとえば，車道透水性舗装では都市型洪水の抑制といった災害対策の観点から雨水の流出抑制効果を最優先とした「道路路面雨水処理マニュアル（案）」，良好な路床土の存在を前提にすべての効果を期待した新潟市での例，雨水の流出抑制効果を主目的としつつ走行安全性の向上・沿道環境の改善も図った大阪府の例などが挙げられる．

また，従来の歩道・駐車場透水性舗装では，歩行性の向上と地下水の涵養などの効果を期待して実施されてきたものといえる．

したがって，透水性舗装ではどの効果に優先順位を与えるかにより設計が異なってくることを認識する必要がある．

3.1.2 適用箇所に応じた設計方法

透水性舗装の設計では適用箇所がどのような交通条件に属するかの確認を行うことが重要となる．これは，透水性舗装では舗装体内に雨水を浸透させる構造であることから，通常の舗装に比べ疲労破壊抵抗性などの低下傾向が異なることが予想されるためである．

ここでは，適用箇所を大型車など一般車両が走行する「車道」，車両が駐車する「駐車場」，歩行者や自転車が使用する「歩道」に分類し，通常の舗装（舗装体内には水を浸透させない舗装）と比較した設計時の留意点を**表-3.2**に示す．なお，大型車の乗入れの多い駐車場や歩道の車両乗入れ部に関しては，必要に応じて車道と同様に扱うものとする．

表-3.2 各適用箇所ごとの設計上の留意点

設計＼適用箇所	車道	駐車場	歩道（歩行者・自転車）
構造設計	作用する荷重が大きいので，必要に応じて　通常の舗装より構造を強化する，路床支持力に制限を設ける，などの対策を行うことがある．	作用する荷重が小さいので，一般に通常の舗装と同等の断面設計でよい．	
透水設計	（各層には貯留性能の高い材料を用いる）構造設計から比較的厚い断面が設定されるので，貯留能力を確保することができる．	構造設計上は薄い断面でもよい場合も多いが，求められる貯留能力によっては舗装厚を厚くする必要がある．	

(1) 構造設計での留意点

車道においては雨水の浸透貯留による疲労破壊抵抗性などの低下が懸念されることから，路床にかかる応力負荷を低減するため路盤厚の割増し（「道路路面雨水処理マニュアル（案）」），路床支持力の下限値の設定（「車道用透水性舗装の手引き」（新潟市道路協議会，平成11年4月））などが必要となる．

また，平成10年度より国土交通省中部地方整備局と愛知県で実施された「環境に配慮した舗装構造」の取組みでは，理論的設計法の適用も視野に入れている．（菊池俊浩：「車道透水性舗装実用化に向けての取組み」 アスファルト, Vol.47, No215, 2004）

一方，駐車場や歩道では交通荷重が小さいため，舗装体内や路床に雨水が浸透貯留されることによる構造的な影響は小さい．

【解　説】

「特定都市河川浸水被害対策法」にもとづき雨水流出抑制対策として透水性舗装を検討する場合は，「道路路面雨水処理マニュアル（案）」を参照するが，それ以外の場合では期待する効果や適用箇所に応じて他の指針を参考にしてもよい．各種指針の概要を付録-3に示すが，上記の指針等における構造設計上の留意点の詳細は以下となる．

① 「舗装設計施工指針（平成18年版）」

透水性舗装は，「雨水を表層，基層，路盤を通して，路盤以下に浸透させることができるような舗装構造としたもの」と定義し，「舗装計画交通量が多い場合の適用では，雨水を路床まで浸透させる場合，交通の繰返しによる構造的耐久性，路床，路盤の含水量変化に伴う支持力変動などの検討が必要である」としている．

② 「道路路面雨水処理マニュアル（案）」

透水性舗装は，「雨水を路面下に浸透させる舗装のうち，表・基層，路盤に一時的に貯留して流出雨水量をコントロールして排水する，または雨水を路床や原地盤に浸透させることにより，雨水の最大流出量を抑制する舗装」と定義している．

透水性舗装の疲労破壊輪数の観点からの構造設計はT_A法で行い，粘性土の路床の場合は必要に応じて増し厚を行う．舗装の割増し厚は下層路盤厚の割増しで対応する．

$$h_a = 0.4 \times h_{ta} + 7 \tag{3.1}$$

ただし，h_a：割増しする舗装厚（cm）
　　　　h_{ta}：T_A法で舗装を設計した場合での舗装厚さ（cm）

③ 「車道用透水性舗装の手引き」（新潟市道路協議会，平成11年4月）

透水性舗装は，「雨水を直接路床に導き，浸透および蒸発により処理するもの」であり，透水性舗装を適用できる路床条件は以下の場合となる．

　i) 設計ＣＢＲ≧8の砂地盤に適用する（透水係数10^{-2}cm/s以上）
　ii) 地下水位は現況の地表面より1.5m以深

(2) 透水設計での留意点

適用箇所に応じて要求される透水能力を満足するように，使用する舗装の材料と厚さを試算し，構造設計で求められる構造と比較して決定する．車道においては，交通量に対

応した疲労破壊抵抗性などを満足するように構造設計が実施されているため,比較的舗装厚が厚い.したがって,要求される雨水の流出抑制効果に対して舗装厚を増加させることなく,既存の舗装断面内で透水性舗装用材料に置き換える処置により対応が可能な場合も多い.一方,快適な歩行性が重視される駐車場や歩道では,作用する交通荷重が比較的小さいことから簡易な断面設計が採用されてきた.断面設計で構築されたこれらの箇所では舗装厚が薄く,雨水処理能力が極めて小さいことから,要求される雨水の流出抑制効果によっては大幅な舗装厚の増加が必要となる.

3.1.3 透水性舗装の種類

透水性舗装は高空隙で貯留能力の高い材料を組合わせて構築される舗装であり,近年,透水性舗装へのニーズが高くなったことから,従来不透水であった舗装に透水性を付与するように,透水性アスファルト舗装,透水性コンクリート舗装,透水性ブロック舗装,透水性コンポジット舗装など,多くの透水性舗装などが開発されている.

この中には,技術基準類の中に取り入れられたもの,民間施設などへの適用で十分な実績はあるが技術基準類には取り込まれていないもの,試行段階のものなどがある.そこで,適用条件・適用箇所別に,透水性舗装の種類別の現状を,技術基準や実績などからとりまとめたものを**表−3.3**に示す.なお,**表−3.3**の適用状況は現時点での報告などにより判断したものであり,今後それ以外への適用を妨げるものではない.

表−3.3 透水性舗装の適用の状況

条　件		特定都市河川指定地域	特定都市河川指定地域以外		
適用箇所		すべて	車道	駐車場	歩道
舗装の種類	透水性アスファルト舗装	○(B)	○(A, C, D, E)	○(D)	○(A, D, E, F)
	透水性コンクリート舗装	−	△(I)	△(I)	○(F)
	透水性コンポジット舗装	−	△(H)	−	−
	透水性ブロック舗装	−	−	○(F, G)	○(F, G)
	その他(樹脂系,土系等)	−	−	−	△(J)

○　技術基準類が整備され,取り入れられたもの
△　民間施設などへの適用で十分な実績はあるが,まだ技術基準類には取り入れられていないもの,あるいは試行段階のもの
−　適用事例なし

≪適用判断の基準,実績等≫
A 「舗装設計施工指針(平成18年版)」
B 「道路路面雨水処理マニュアル(案)」(独立行政法人 土木研究所 編著,山海堂,2005年12月))
C 「車道用透水性舗装の手引き」(新潟市道路協議会,平成11年4月)
D 「構内舗装・排水設計基準」(国土交通省大臣官房官庁営繕部建築課 監修,(社)公共建築協会,平成13年4月)
E 「透水性舗装ハンドブック」((社)日本道路建設業協会 編著,山海堂,昭和54年10月)
F 「よくわかる透水性舗装」(水と舗装を考える会 編著,山海堂,1997年7月)
G 「インターロッキングブロック舗装設計施工要領」((社)インターロッキングブロック舗装技術協会,平成12年7月)
H 例えば,小関祐二,小笠幸雄,石川健:「車道透水性コンポジット舗装の開発」,道路建設No.641,2001.6
I 例えば,菊池俊浩:「車道透水性舗装実用化に向けての取組み」,アスファルト,Vol.47, No.215, 2004
J 例えば,関口修,淀瀬博文:「寒冷地における自然砂樹脂舗装の耐久性について」,北陸道路舗装会議技術報文集,2006

3.2 車道透水性舗装

3.2.1 概説
　車道透水性舗装の設計では，交通荷重に耐えうる構造設計を行うとともに雨水流出抑制効果に着目した透水設計を併せて行う．

【解説】
　車道透水性舗装では，路床および粒状路盤の含水量変化に伴う支持力の低下が生じやすいため，構造設計においてこれらへの対策が必要となる．また，車道透水性舗装を適用するにあたっては，雨水一時貯留可能量や流出係数といった雨水流出抑制に関する性能指標を用い適切に透水設計を行う必要がある．

3.2.2 舗装の構成
　車道透水性舗装には，透水性アスファルト舗装，透水性コンクリート舗装，透水性コンポジット舗装などがあるが，いずれもその舗装構成は，各層の機能，強度，疲労破壊抵抗性，維持管理の容易性等について雨水の浸透や貯留能力を十分に考慮して設定する．また，本構造では雨水浄化，路床細粒分の路盤への浸入抑制のため，必要に応じてフィルター層や透水性のジオテキスタイルを路床上に設けることがあり，タックコートやプライムコートは透水性を低下させるので原則的に設けない．

3.2.3 構造設計
　車道透水性舗装は，交通荷重と自然環境の影響に耐えうるに必要な舗装構造と品質を持ち，表・基層，コンクリート版，路盤，路床および路体を含めた構造全体が，雨水の浸透下にあっても，舗装の設計期間において必要な性能を有するものでなければならない．構造設計は必須の性能指標である疲労破壊輪数を満足するように，「経験に基づく設計法」もしくは「理論的設計方法」にもとづき行う．すなわち，表・基層，コンクリート版，路盤，路床に雨水が浸透しても交通荷重によりひび割れなどの疲労破壊を生じない構造とする．構造設計条件には，交通条件，路床，地下水位などの基盤条件，そして気象条件などの環境条件がある．

【解説】
（１）構造設計での留意点
　車道透水性舗装は，透水性アスファルト舗装を中心に多くの箇所で試行され始めている．現時点での透水性アスファルト舗装の構造設計では，評価実績のある「経験に基づく設計法」が主体となっている．T_A法にて構造設計を行う場合は，透水した状態にあっても必要T_Aを満足することを原則とし，路床の土質や地下水位によっては長期間にわたる浸水状態を考慮した路床支持力の評価などが重要である．
　「理論的設計法」に関しては，雨水の浸透による強度低下を考慮し弾性係数を設定する方法などが検討されている．
（２）構造設計条件での留意点
　交通条件としては，舗装計画交通量，輪荷重分布，累積49kN換算輪数，車輪走行位置

分布，交通量昼夜率などがある．基盤条件には構築路床，路床（原地盤）の設計 CBR，設計支持力係数，弾性係数，ポアソン比がある．また，既設舗装の一部を透水性舗装に改良する場合は，残存層の残存T_Aなども必要となる．環境条件としては，気温，降雨量，降雨強度，凍結指数，あるいは舗装体の温度なども設計条件として必要となる．

3.2.4 透水設計

車道透水性舗装での透水設計では，構造設計より仮決定された舗装断面に対して，適用目的に応じて設定された雨水流出抑制に対する目標値を満足するか検討し，必要に応じて舗装材料の再選定または舗装断面厚の修正を行う．一時貯留型の透水性舗装では，舗装断面の仮決定時に浸透・貯留施設の設計も併せて行うこともある．

適用箇所に応じた透水設計の流れを**図-3.2**に示す．

特定都市河川流域に指定された区域，都市洪水の発生抑制が義務付けられている箇所では，最大流出量比（最大流出雨水量／最大雨量）を性能指標とする透水設計を行うことを原則とする．雨水流出抑制性能の良否は，求められた最大流出量比と提示された流出係数または最大流出量比と比較することで評価する．

上記以外の区域・箇所で透水性舗装を適用する場合は，舗装体内の雨水一時貯留可能量を性能指標とした簡便な方法で透水設計を行ってもよい．雨水流出抑制性能の良否は，求められた雨水一時貯留可能量と提示された計画雨水処理量などと比較することで評価する．

各透水設計例を**付録-1**，**付録-2**に記述する．

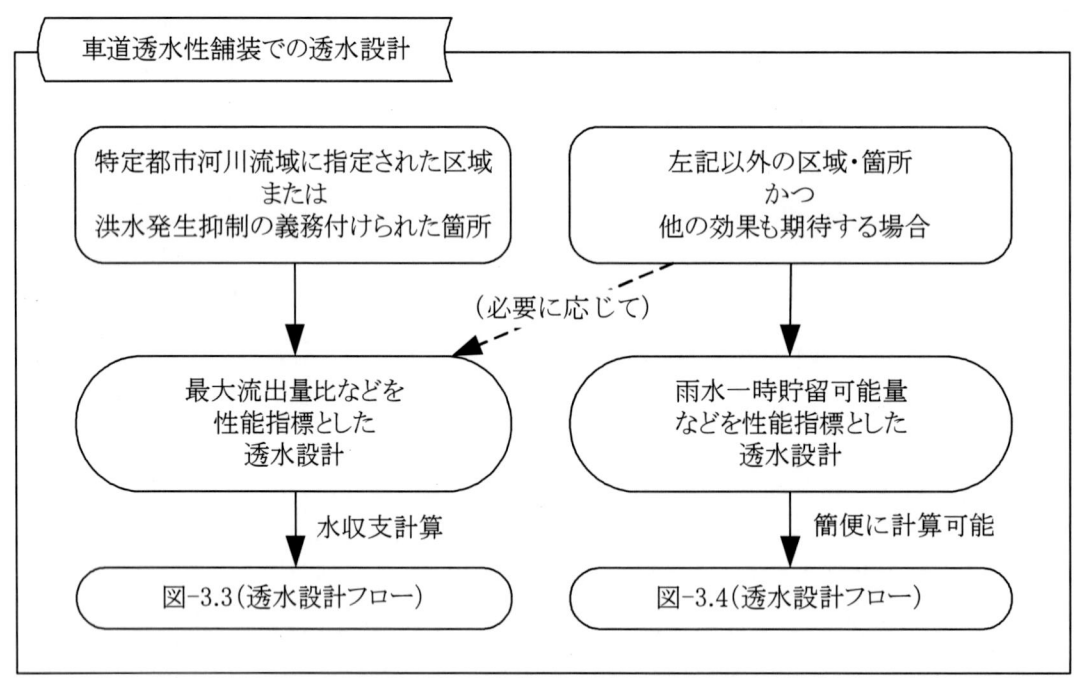

図-3.2 透水設計の適用概念例

（1）最大流出量比

　最大流出量比は，降雨量に対して排水施設等に流出する最大流出雨水量の割合を指し，値が小さいほど雨水の最大流出量を抑制する．なお，最大流出量比の算出では，最大流出雨水量には流出ハイドログラフの最大値，最大雨量にはハイエトグラフの最大値を用いる．目標とする最大流出量比には，原地盤の流出係数，各自治体で透水性舗装に対して設定された流出係数を用いることもできる．なお，「構内舗装・排水設計基準」（国土交通省大臣官房官庁営繕部建築課 監修，（社）公共建築協会，平成13年4月）では，透水性舗装に対する流出係数を 0.30～0.40 としている．

（2）ハイエトグラフ

　ハイエトグラフ（降雨波形）は，降雨強度と時間の関係をグラフにより示したものであり，降雨強度曲線は式（3.2）より与えられることが多い．なお，定数であるa，b，nは地域ごとに与えられる．

$$r_t = a / (t^n + b) \tag{3.2}$$

　　　　　ここで，r_t ： 降雨強度 (mm/h)
　　　　　　　　　t ： 降雨継続時間 (h)

（3）ハイドログラフ

　ハイドログラフは，単位面積当たりの流量と時間の関係をグラフにより示したものであり，透水設計では合理式により流出ハイドログラフを作成する．

（4）計画雨水処理量

　舗装断面における計画雨水処理量は式(3.3)により算定する．

$$Q_0 = (0.1i - 3600k)(t/60)/100 \tag{3.3}$$

　　　　　ここで，Q_0： 計画雨水処理量 (m³/m²)
　　　　　　　　　i ： 降雨強度 (mm/h)
　　　　　　　　　k ： 路床の透水係数 (cm/s)
　　　　　　　　　t ： 降雨継続時間 (min)

（5）雨水一時貯留可能量

　舗装断面における雨水一時貯留可能量は，式（3.4）より算定する．なお，既設路盤を残して透水性舗装を構築する場合は，必要に応じて既設路盤以下を不透水層とみなし，新たに構築する層で計算を行う．

$$Q = \sum_{i=1}^{n}(Hi/100)(Vi/100) \tag{3.4}$$

　　　　　ここで，Q ： 舗装内の雨水一時貯留可能量 (m³/m²)
　　　　　　　　　Hi ： 各層の厚さ (cm)
　　　　　　　　　Vi ： 各層の連続空隙（間隙）率 (%)
　　　　　　　　　n ： 舗装を構成する層数

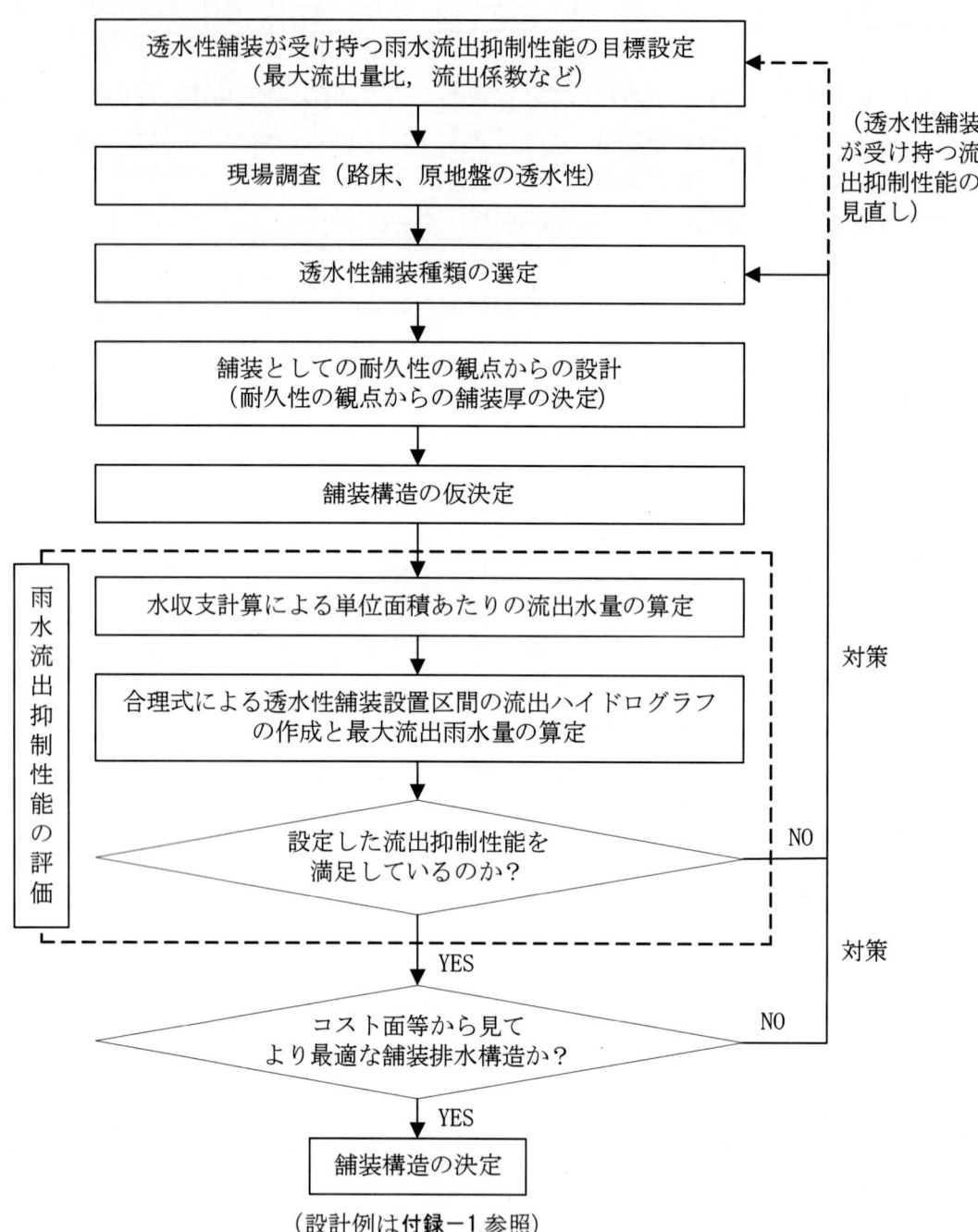

図-3.3 最大流出量比を性能指標とした透水設計フロー例
「道路路面雨水処理マニュアル(案)」(独立行政法人 土木研究所 編著,
山海堂, 2005年12月)

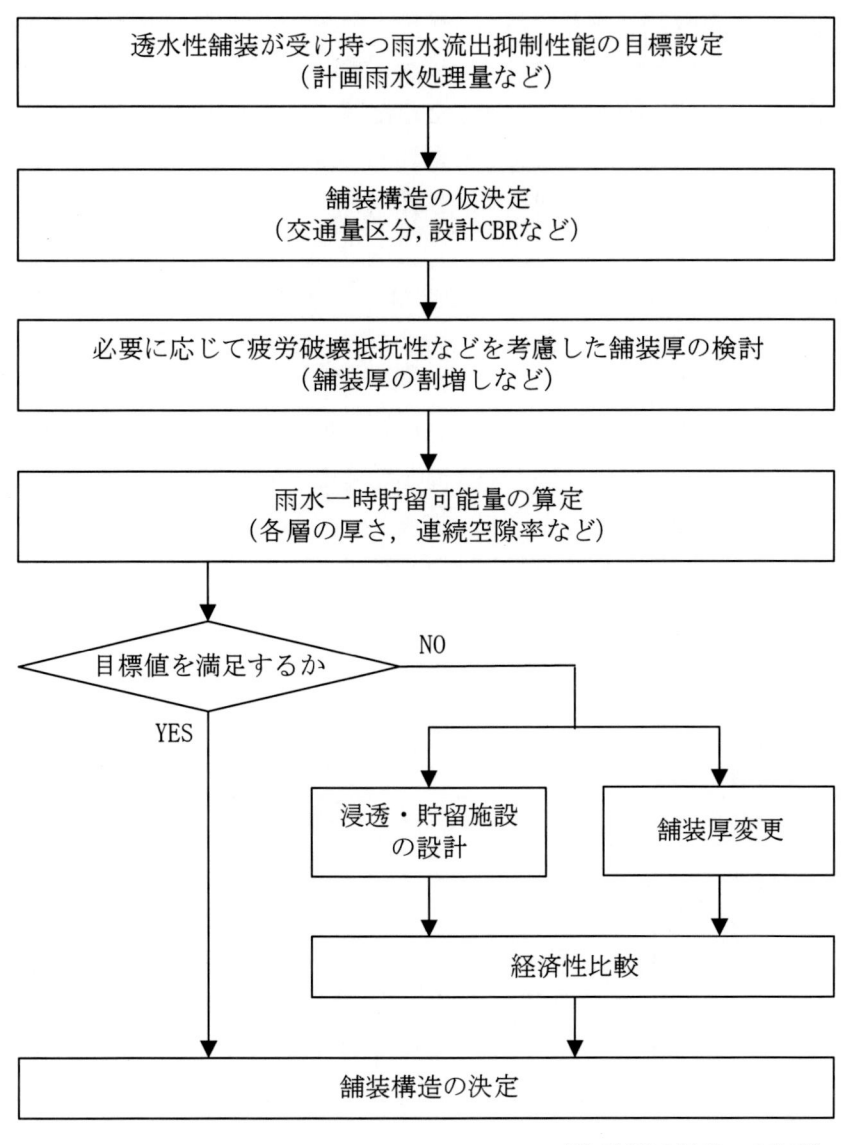

(設計例は**付録-2**参照)

図-3.4 雨水一時貯留可能量を性能指標とした透水設計のフロー例

3.2.5 浸透・貯留施設の設計

浸透・貯留施設は**図-3.5**のように分類され，地下浸透施設の設計に関しては「雨水浸透施設技術指針[案]調査・計画編」（（社）雨水貯留浸透技術協会，平成7年9月），「雨水浸透施設技術指針[案]構造・施工・維持管理編」（（社）雨水貯留浸透技術協会，平成9年4月），「道路路面雨水処理マニュアル（案）」を参照する．なお，浸透・貯留施設は透水性舗装の雨水流出抑制効果を補うためだけでなく，透水性舗装体内に一時貯留された雨水の円滑な排出方法としても設計される．透水性舗装（一時貯留型）と地下浸透施設とを組み合わせた設計例を**図-3.6**に示す．

浸透トレンチ ： 堀削した溝に砕石を充填し，この中に浸透管（有孔管または透水性の管）を敷設し，雨水を砕石の側面および底面から地中へ浸透させる施設

浸透ます ： ますの周辺を砕石で充填し，集水した雨水を透水性または有孔となっている側面や底面から地中へ浸透させる施設

浸透側溝 ： 側溝の周辺を砕石で充填し，雨水を透水性または有孔となっている側面や底面から地中へ浸透させる施設

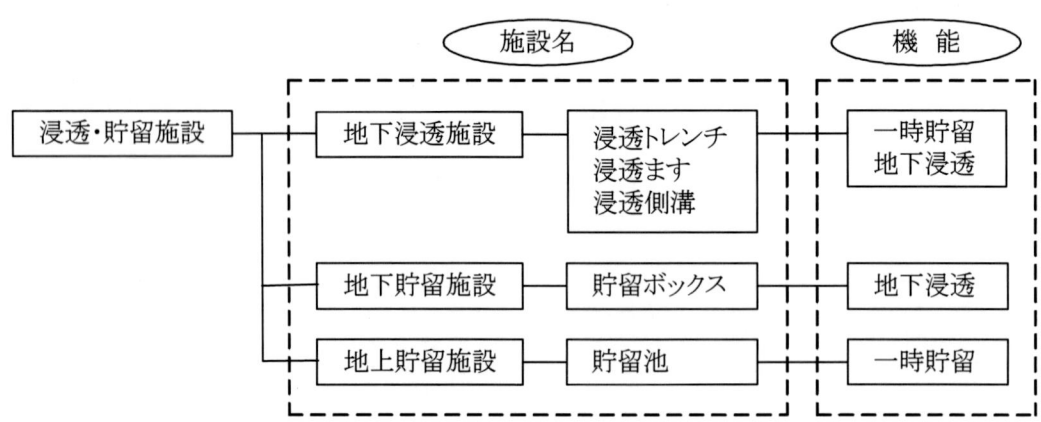

図-3.5 浸透・貯留施設の分類

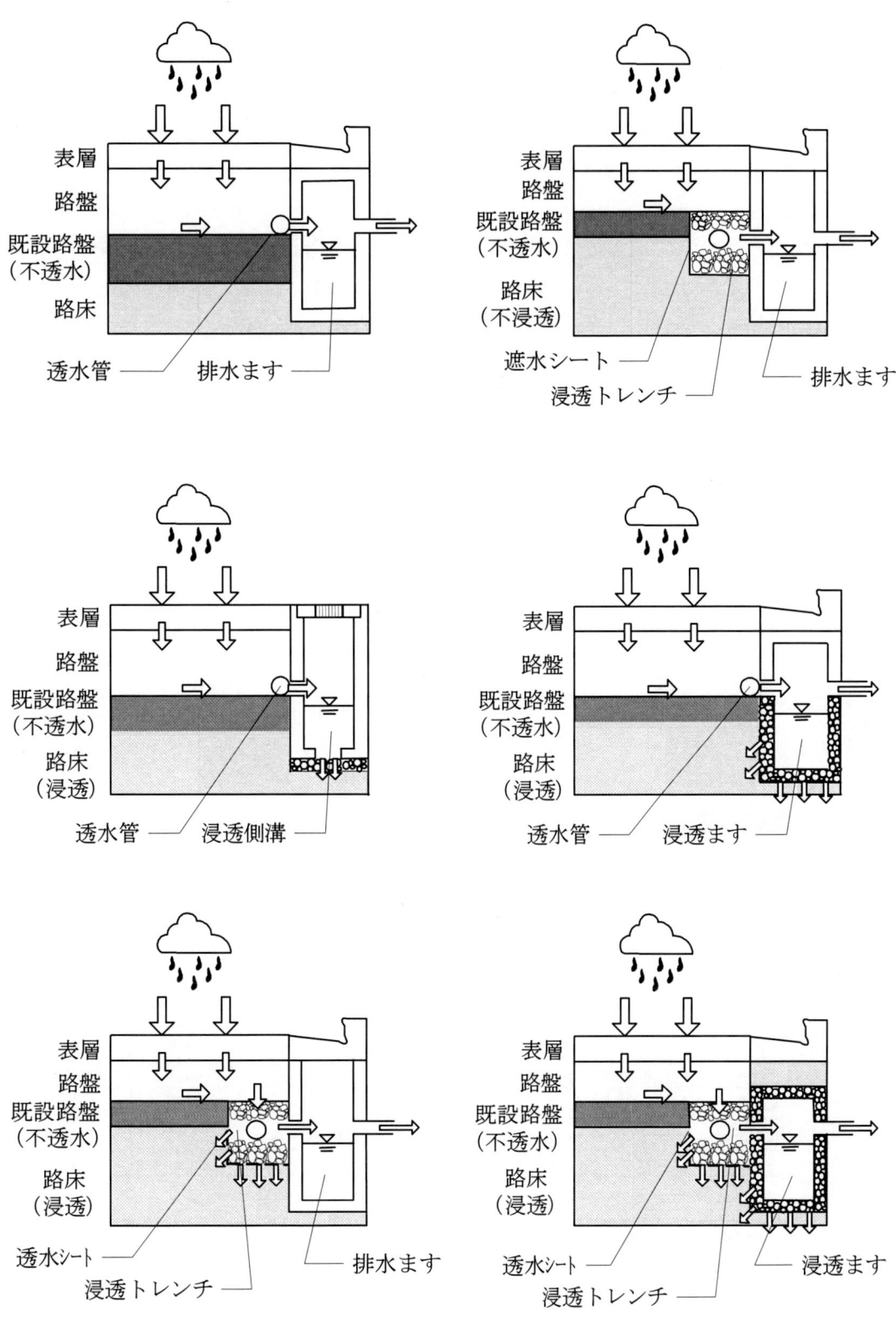

図－3.6 透水性舗装（一時貯留型）の設計例

― 23 ―

3.3 駐車場透水性舗装

3.3.1 概説
駐車場透水性舗装は十分な耐久性を持つ構造とし，周辺環境との調和を図りながら利用目的に合わせて設計を行う．

【解説】
駐車場透水性舗装では歩道透水性舗装と同様に，構造設計手法が十分に確立されておらず，経験的な断面設計が行われることが多い．したがって，雨水流出抑制効果を主目的として採用する場合は，車道透水性舗装と同様の透水設計を行う．また，駐車場では計画的に維持修繕が行いにくいので，特に表層にはハンドルの切返しやブレーキの多用に対して抵抗性の高い材料を採用するなどの配慮も必要となる．

3.3.2 舗装の構成
駐車場透水性舗装には，透水性アスファルト舗装，透水性コンクリート舗装などがあり，その舗装構成は表層，路盤により構成される．路盤面でのプライムコートは透水性を低下させるので原則的に設けない．なお，本構造では雨水浄化，路床細粒分の路盤への浸入抑制のため，フィルター層や透水性のジオテキスタイルを路床上に設けることがある．

本構造では施工規模や用途を十分考慮した上で，必要に応じて雨水流出抑制性能を設定する．

3.3.3 舗装断面設計
駐車場透水性舗装での断面設計例を**図－3.7**に示すが，大型車の乗入れの多い駐車場では表基層を 8～10cm 設けるか，車道と同様な構造設計を行うものとする．なお，施工規模の大きな駐車場においては路面排水施設を設けることを標準とし，必要に応じて浸透・貯留施設を適用する．

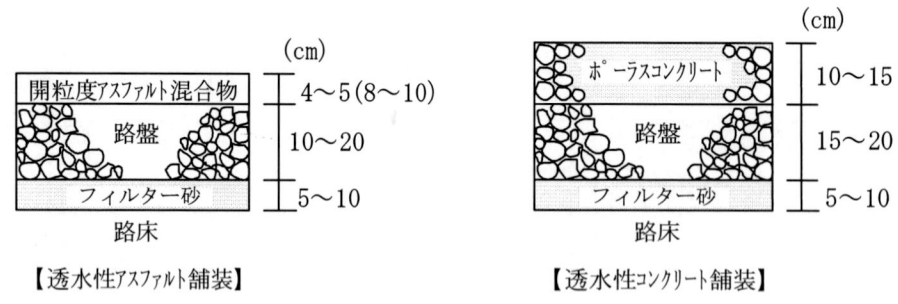

図－3.7 駐車場透水性舗装の断面例

3.3.4 透水設計
駐車場透水性舗装に雨水流出抑制性能を適用する場合は，車道透水性舗装に準じる．

3.3.5 浸透・貯留施設の設計
浸透・貯留施設の設計は車道透水性舗装と同様に行う．

3.4 歩道透水性舗装

3.4.1 概 説

歩道透水性舗装は歩行の快適性を確保するに足る十分な厚さをもった構造とし，排水および浸透施設と併せて設計する．

【解 説】

歩道透水性舗装は水溜まりのない快適な歩行の確保といった歩きやすさや地下水の涵養の観点より適用が拡大しているが，経験的に断面設計が行われることが多い．今後は，車道での透水性舗装の適用拡大に伴い，車道と一体的な雨水流出抑制対策を行うことが望ましい．

3.4.2 舗装の構成

歩道透水性舗装には，透水性アスファルト舗装，透水性ブロック舗装，透水性コンクリート舗装などがあり，表層，路盤により構成される．路盤面でのプライムコートは透水性を低下させるので原則的に設けない．なお，本構造では雨水浄化，路床細粒分の路盤への浸入抑制のため，フィルター層や透水性のジオテキスタイルを路床上に設けることがある．

本構造では歩行の安全性や歩きやすさといった路面性能に十分配慮した上で，必要に応じて雨水流出抑制性能を設定する．

3.4.3 舗装断面設計

歩道透水性舗装の断面設計例を図-3.8に示す．透水性ブロックには，インターロッキングブロックおよびコンクリート平板があるが，図中にはインターロッキングブロックの場合を示す．なお，設定された雨水流出抑制性能によっては舗装厚の増加が必要となる場合があるが，浸透施設との併用や車道との連携を図ることで歩道の機能分担を低減するなど，施工性や経済性を十分考慮した上で決定する．

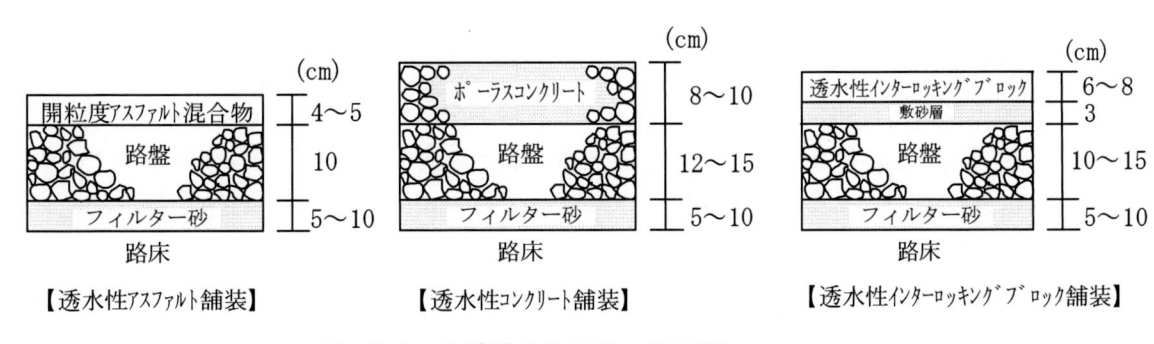

図-3.8 歩道透水性舗装の断面例

3.4.4 透水設計

歩道透水性舗装に雨水流出抑制性能を適用する場合は，車道透水性舗装に準じる．

3.4.5 浸透・貯留施設の設計

浸透・貯留施設の設計は車道透水性舗装と同様に行う．

第4章 材料

4.1 概説

透水性舗装は，透水性能を有する材料を用い，雨水を舗装内に浸透，または一時貯留できる構造を有している．透水性舗装を車道に適用する場合には，交通条件や路床条件などに応じて舗装に必要とされる疲労破壊抵抗性の確保は当然であるが，雨水の影響にも十分に配慮した材料選定を行う必要がある．

参考までに，透水性舗装用材料の適用箇所の一例を**表-4.1**に示す．なお，この表は過去の施工実績を踏まえた適用例を示したものであり，今後の新材料・新工法などの技術開発によって適用箇所は拡がる可能性がある．

表-4.1 透水性舗装用材料の適用箇所の一例

材　料		車　道	駐車場	歩　道
路　盤	粒状路盤材料	○	○	○
	アスファルト系路盤材料	○	ー	ー
	セメント系路盤材料	○	ー	ー
表・基層	アスファルト系混合物	○	○	○
	コンクリート系混合物	○	○	○
	ブロック系材料	ー	○	○

注）○：適用例有り　ー：適用例無し

4.2 構築路床用材料

構築路床用材料には，交通荷重を支持する層として適切な支持力と変形抵抗性が要求されると同時に，浸透する雨水に曝されることになることから，浸透水への配慮が必要である．

【解　説】

① 特に路床に浸透させる構造とする場合には水の影響による支持力低下を抑制する対策として，積極的に構築路床用材料を検討することが望ましい．
② 構築路床用材料には，良質土や地域産材料を安定処理したものなどを検討する．
③ 安定処理工法を施す場合は，一般に透水能力が低下することから，路床の支持力と透水性能のバランスを考慮し，たとえば浸透トレンチなど他の排水方法との組合せなども検討するとよい．
④ 安定処理工法に使用する安定材としては，一般にセメント系や石灰系がある．選定に当たっては対象土の土質や改良効果，改良土からの有害物（たとえば六価クロムなど）溶出の有無などを事前に確認する必要がある．

4.3 フィルター層

フィルター層は，雨水が路床へ浸透する際の雨水の濾過機能と，路床細粒分の路盤への侵入防止などを目的に設けられるが，使用目的や適用箇所に応じて材料を選定する．

【解　説】
① フィルター層は，上層から浸透してくる雨水を極端に停滞させることなく流下させるようにすることが望まれる．フィルター層に用いる材料の透水係数は，現地の降雨量や上層に適用される材料の透水係数も考慮して決定することが望ましい．
② 粒状材を用いる場合には，透水性能の妨げとならないよう，粘土・シルト・ゴミなどを含まない材料を用いる．
③ 産業廃棄物などを再生利用した材料などを用いる場合には，溶出される有害物などがないことを確認する必要がある．
④ 不織布をフィルター層の代替えとして用いる場合がある．

フィルター層に用いる砂の品質目標値の一例を**表−4.2**に示す．なお，フィルター層の透水係数に関する明確な基準はないが，ここでは過去の施工事例をもとに参考として示す．

表−4.2 フィルター層に用いる砂の品質目標値の一例

項　目	目　標　値
75μmふるい通過量　（％）	6 以下 [1]
透　水　係　数　（cm/s）	1×10^{-3} 以上 [2]

出典：[1]「舗装施工便覧(平成18年版)」(平成18年2月)
　　　[2]たとえば，菊池　俊浩，「車道透水性舗装実用化に向けての取組み」，アスファルト,Vol.47 No.215, 2004

4.4　路盤材料

路盤は，表・基層から浸透する雨水を一時貯留や路床などへ浸透させる機能を有するとともに，浸水条件下においても所要の性能が維持される必要がある．路盤材料には一般に粒状路盤材料，アスファルト系路盤材料およびセメント系路盤材料が用いられる．駐車場や歩道の路盤には，一般に粒状路盤材料が用いられる．

4.4.1　粒状路盤材料

粒状路盤材料には，透水性能と貯留性能を考慮してクラッシャランや再生クラッシャランが使用されることが多い．

【解　説】
① 材料の選定に当たっては所要の力学性状を有するとともに，透水性能および耐水性能に優れる細粒分の少ないものが望まれる．
② 歩道の路盤材料の敷きならし作業は，狭小箇所などが存在することなど人力作業になる場合が多い．そこで，材料分離を抑制するためC−30やC−20といった最大骨材粒径の小さい材料の使用が望ましい．

なお，参考までにクラッシャランの品質規格を**表−4.3**に，透水係数と骨材間隙率の一般的な性状値の例を**表−4.4**に示す．

表-4.3 粒状材料の品質規格

材料名	試験項目	規格値	試験方法
クラッシャラン	PI	6 以下	舗装試験法便覧
	修正 CBR (%)	20 以上	

出典:「舗装設計施工指針(平成18年版)」(平成18年2月)

表-4.4 粒状材料の性状値例（透水係数と骨材間隙率）

材料名	透水係数 (cm/s)	骨材間隙率 (%)
クラッシャラン	$3 \times 10^{-3} \sim 4 \times 10^{-2}$	6 ～ 18

出典:「舗装設計施工指針(平成18年版)」(平成18年2月)

4.4.2 アスファルト系路盤材料

アスファルト系路盤材には，透水性瀝青安定処理混合物があり，車道用の上層路盤として用いられる．

【解 説】

① 水の影響を受けるため，剥離防止剤などによる剥離対策を検討する．また交通量に応じた耐久性が要求される場合には，付着性に優れたポリマー改質アスファルトの使用が望ましい．
② 所要の力学性状を有するとともに，透水性能および貯水性能に優れるものが望まれる．

透水性瀝青安定処理混合物の粒度範囲および品質目標値の一例を**表-4.5**および**表-4.6**に示す．なお，透水性瀝青安定処理混合物の粒度範囲および品質目標値に関する明確な基準はないが，ここでは過去の施工事例をもとに参考として示す．

表-4.5 透水性瀝青安定処理混合物の粒度範囲の一例

項目		粒度範囲
通過質量百分率(%)	37.5 mm	100
	31.5	95～100
	26.5	90～100
	19.0	75～95
	13.2	40～70
	4.75	10～31
	2.36	10～20
	75 μm	3～7
アスファルト量 (%)		4～6

出典: 根本 信行,吉中 保,幸田 正裕,「樹脂コート型透水性アスファルト舗装の車道への適用検討」,舗装,Vol.36, No.2, 2001

表−4.6 透水性瀝青安定処理混合物の品質目標値の一例

項　目	目　標　値
空隙率　　　　　(%)	20 程度
マーシャル安定度　(kN)	3.43 以上
透水係数　　　　(cm/s)	1×10^{-2} 以上

出典：根本　信行,吉中　保,幸田　正裕,「樹脂コート型透水性アスファルト舗装の車道への適用検討」,舗装, Vol.36, No.2, 2001

4.4.3　セメント系路盤材料

　セメント系路盤材料には，透水性セメント安定処理混合物などがあり，車道用の上層路盤として用いられる．

【解　説】
　所要の力学性状を有するとともに，透水性能および貯水性能に優れるものが望まれる．

　透水性セメント安定処理混合物の実施粒度と品質目標値の一例を**表−4.7**に示す．なお，透水性セメント安定処理混合物の粒度範囲および品質目標値に関する明確な基準はないが，ここでは過去の施工事例をもとに参考として示す．

表-4.7　透水性セメント安定処理混合物の実施粒度と品質目標値の一例

項　目		実施粒度
通過質量百分率 (%)	26.5 mm	100
	19.0	95.1
	13.2	75.2
	9.5	60.3
	4.75	29.6
	2.36	23.9
	1.18	18.9
	600 μm	12.3
	300	7.7
	150	4.6
	75	3.1
項　目		目　標　値
一軸圧縮強さ[材令7日]　(MPa)		2.0〜2.9
透水係数　　　　(cm/s)		1×10^{-4} 以上

出典：中西　弘光,浅野　耕司,川西　礼緒奈,高砂　武彦,
　　「環境に配慮した車道用透水性舗装の開発」, 舗装, Vol.36, No.2, 2001

4.5　表・基層用材料

　表・基層は，交通荷重などに対して所要の性能を有するとともに，雨水をすみやかに路盤に浸透させる機能を兼ね備える必要がある．

表・基層用材料には，アスファルト系混合物，コンクリート系混合物およびブロック系材料がある．

4.5.1 アスファルト系混合物

アスファルト系混合物は一般に，車道にはポーラスアスファルト混合物(20,13)が，駐車場，歩道等にはポーラスアスファルト混合物(20,13)や開粒度アスファルト混合物(13)が用いられる．

【解　説】

① アスファルト混合物に用いる材料および配合設計は，舗装施工便覧(平成18年版)に準拠する．車道用混合物における骨材配合の設定においては，透水性に加えて耐流動性，骨材飛散抵抗性および必要に応じて吸音性などのバランスを考慮する．

② 駐車場などに適用する場合には安定性の向上，耐久性の改善などを図るため，バインダにはポリマー改質アスファルトH型やポリマー改質アスファルトⅡ型などの使用，あるいは剥離対策を適用する．

③ 交通量の多い交差点や，急なハンドル操作により切返しを受ける駐車場などでは，表層用混合物の骨材飛散抵抗性の向上を目的に高耐久型のポリマー改質アスファルトの使用や樹脂系材料もしくは乳剤系材料などによる表面処理工法の適用を検討するとよい．

④ 景観性の向上や駐車マスを色彩により区分するなどを目的にする場合は，石油樹脂系結合材料，着色骨材，および顔料などによる着色舗装の適用を検討するとよい．

⑤ 近年，ポーラスアスファルト舗装の普及により，6号砕石(13〜5mm)の需要が増加してきた．このため，資源の有効利用の観点から，余剰傾向にある5mmアンダー副産物を利用した歩道用透水性舗装の検討も進められている．

なお，参考までに車道用の表・基層用アスファルト系混合物の粒度範囲および品質目標値の一例を**表−4.8**および**表−4.9**に示す．混合物の最大骨材粒径については，要求性能に応じて選択するとよい．また，歩道用混合物の粒度範囲と品質目標値の一例を**表−4.10**に示す．

表−4.8　表・基層用アスファルト系混合物の粒度範囲の一例(車道用)

項目	粒度範囲	
	表層(最大粒径13mm)	基層(最大粒径20mm)
26.5 mm	−	100
19.0	100	95〜100
13.2	90〜100	64〜84
4.75	11〜35	10〜31
2.36	10〜20	10〜20
75μm	3〜7	3〜7
アスファルト量 (%)	4〜6	

（通過質量百分率(%)）

出典：「舗装施工便覧(平成18年版)」(平成18年2月)

表−4.9 表・基層用アスファルト系混合物の品質目標値の一例(車道用)

項　　目	目　標　値
空隙率　　　　(%)	20 程度
マーシャル安定度　(kN)	3.43 以上
透水係数　　　(cm/s)	1×10^{-2} 以上
動的安定度　　(回/mm)	3,000 以上

出典:「舗装施工便覧(平成18年版)」(平成18年2月)

表−4.10 表層用アスファルト系混合物の粒度範囲と品質目標値の一例(歩道用)

項　　目	粒度範囲
通過質量百分率(%) 　19.0 mm	100
13.2	95〜100
4.75	20〜36
2.36	12〜25
300 μm	5〜13
75	3〜6
アスファルト量　　　　(%)	4.0〜5.0
項　　目	目　標　値
マーシャル安定度　　(kN)	3.0 以上
フロー値　　(1/100cm)	20〜40
密　　度　　(g/cm³)	1.95 以上
空隙率　　　　(%)	12 以上
透水係数　　　(cm/s)	1×10^{-2} 以上

出典:「土木材料仕様書」((財)東京都弘済会,平成17年4月)

4.5.2 コンクリート系混合物

コンクリート系混合物には,一般にポーラスコンクリートが用いられる.

【解　説】

① 標準的な配合設計手法(骨材配合,モルタル被膜厚など)は,現時点において確立されていない.そこで,過去の施工事例などを参考に透水性および耐久性を確保するような配合を選定する.

② 景観性を考慮する場合は,顔料添加により着色したり,表面の骨材を露出したりすることなども検討するとよい.

参考までにコンクリート系混合物の車道用および駐車場・歩道用における実施配合と品質目標値の一例を,**表−4.11** および **表−4.12** に示す.なお,コンクリート系混合物の粒度範囲および品質目標値に関する明確な基準はないが,ここでは過去の施工事例をもとに参考として示す.

表-4.11 表・基層用コンクリート系混合物の実施配合と品質目標値の一例(車道用)

項　目		配　合
単位量 (kg/m³)	粗骨材	1,516
	細骨材	173
	普通ポルトランドセメント	290
	無機質混和材	56
	水	78
	合　計	2,113
項　目		目標値
粗骨材最大粒径　　　　　　(mm)		13
設計基準曲げ強度[材令28日] (MPa)		4.5 以上
透水係数　　　　　　　　(cm/s)		1×10^{-2} 以上
空隙率　　　　　　　　　(%)		15～20

出典：「舗装技術専門委員会報告 R-17 車道用ポーラスコンクリート現場試験舗装結果(福井県)-供用5年-」,((社)セメント協会,2005年12月)

表-4.12 表・基層用コンクリート系混合物の実施配合と品質目標値の一例(駐車場・歩道用)

項　目		配　合
単位量 (kg/m³)	粗骨材	1,500
	セメント	280
	水	90～120
	合　計	1,870～1,900
	混和材	5～30
項　目		目標値
設計基準曲げ強度[材令28日] (MPa)		2.5 以上
透水係数　　　　　　　　(cm/s)		1×10^{-1} 以上
空隙率　　　　　　　　　(%)		20～25

出典：「ポーラスコンクリートの製造とこれからがわかる本」(セメントジャーナル社,平成13年9月)

4.5.3 ブロック系材料

ブロック系材料は主にコンクリートを使用して工場で製造される二次製品であり，透水性を有する材料としては，透水性インターロッキングブロックや透水性コンクリート平板がある．また，他にも陶器，レンガ，木材およびガラスなどの材料を使用したものもある．

これらは，歩道および管理用車両や，限定された普通車両の通行する歩行者系道路への適用が一般的である．

【解　説】
① 周辺環境との調和，地域個性の表現といった，アメニティの向上などが求められる場合には適用を検討するとよい．表面をカラー化，または骨材を露出した加工を

施したものがある．

② インターロッキングブロックは，適用箇所の要求性能および環境条件などに応じて形状・寸法，表面テクスチャー，敷設パターンおよび路面デザインなどを検討するとよい．

③ インターロッキングブロック直下のクッション層には一般的に砂を使用し，粘土・シルト・ゴミ・小石などを含まない材料を用いる．雨水による敷砂層の流失を防止するため，路盤上に透水シートなどのジオテキスタイルの適用を検討するとよい．

④ インターロッキングブロックの厚さは60mmを標準としており，歩道への適用が一般的である．なお，駐車場や管理用車両などが通行する箇所では，80mmを標準とする．

⑤ コンクリート平板の厚さは60mmを標準としており，歩道への適用が一般的である．

4.6 その他の材料

前述以外の材料としては，中温化添加剤，アスファルト乳剤および常温混合物系材料などがある．

【解　説】

① 中温化添加剤

作業時間が制約される修繕工事などにおいてシックリフト工法を採用する場合には，通常の加熱アスファルト混合物よりも低い温度で製造および施工が可能な中温化添加剤の適用などを検討するとよい．また，歩道などの狭小箇所を有する場合や，寒冷期における施工性の改善などでもその効果が期待できる．

② アスファルト乳剤

表層までを同日施工する場合には，タックコートを省略してもよい．ただし，基層で一旦交通開放した場合などには，表層舗設前に透水性能を損なわない程度にタックコート（PK-4やPKR-T）を散布する．

また，透水機能を有した路盤上へのプライムコートは原則として使用しないが，浸透型乳剤が用いられるケースや，路床への雨水浸透を防止する目的からアスファルト乳剤が路床面に散布されるケースもある．使用に際しては，目的や適用箇所，材料特性などに十分留意し選定するとよい．

③ 常温混合物系材料

表層用の常温混合物系材料としては，歩道や園路などにおいて粘結剤に樹脂系材料を使用し，骨材としてカラー骨材，セラミック骨材，天然玉砂利を用いて景観性に配慮したものや，ゴムチップ，ウッドチップなどにより弾力性を持たせて歩行性の改善を図ったものがある．

第5章 施工

5.1 概説

　透水性舗装は,雨水等を路盤以下の層に透水させる機能を有する舗装であることから,その施工に当たっては,路床,フィルター層,路盤および表・基層の透水機能を妨げないように,種々の条件を考慮しながら作業を実施することが必要である.また,路盤以下の層に必要に応じて設ける不透水層についても,その目的,機能を考慮して作業することが必要である.

　透水性舗装を施工する場合,条件が整えば既設の路盤等を再利用することも考えられる.この場合には,施工の基盤(これから施工を開始する層より下の部分)の状態が,施工中における舗装の出来形,品質および性能(透水性)の確保に大きな影響を与える.したがって,施工の基盤の状態を事前に確認することが必要である.なおここでいう施工の基盤は,構築路床,原地盤(切土)および既設路盤などをさす.

　施工に関する一般的な事項については,「舗装設計施工指針(平成18年版)」や,「舗装施工便覧(平成18年版)」等によるものとする.

5.2 施工計画

　一般的に施工計画として考慮する項目には,実施工程,実施体制,使用機械,使用材料,施工方法,管理計画,安全確保,環境保全等がある.

【解　説】

　透水性舗装の施工計画では,透水性舗装の機能や特長を発揮するように留意しなければならない.

　透水性舗装の施工方法を立案する際,タイプによる違い,新設工事または改築工事の別,および車道・駐車場・歩道の別等により施工形態が異なることがあるので,これらの条件に応じた施工計画を立てることが必要となる.

　透水性舗装の施工計画立案における一般的留意事項は以下のとおりである。
　① 路床
　　路床に雨水等を浸透させる構造のものについては,現場の路床状態が設計の路床条件と相違ないかを確認することが重要である.
　　路床土は極力乱さないようにし,余剰水の排水も考慮しておく.
　② フィルター層
　　均等・均質な層に仕上げるための適切な敷きならし方法(機械)を選択し,路床を乱さないような締固め方法を検討する.
　③ 路盤
　　均等,均質な層に仕上げるための適切な敷きならし方法(機械)を選択し,路床やフィルター層を乱さずに路盤としての締固めを行えるよう,その方法および機械を検討する.
　④ 表・基層用材料の製造,運搬
　　加熱アスファルト混合物を表・基層に使用する場合は,透水性を有する開粒度タイプの混合物を使用する.通常の加熱アスファルト混合物よりも温度低下が早いことか

ら，特に混合物の温度管理に留意して計画する．

　コンクリート系混合物を表・基層に使用する場合は，粗骨材量を多くして高空隙とし透水性の高い配合とする場合が多いので，適切なコンシステンシー評価方法を施工計画時に検討し選定しておく．また，乾燥によりコンシステンシーが急速に変化しやすい材料であるため，これを考慮した施工方法も検討しておく．

　ブロック系材料については，運搬時および保管場所での材料の破損等が無いように計画する．

⑤　表・基層用材料の施工

　アスファルト系舗装に使用する混合物は通常の材料より温度低下が早いので，運搬，敷きならし，転圧までの一連の作業を円滑に進められるよう計画する．特に冬期の施工ではその傾向が顕著となるので，温度管理方法は十分に検討しておく．なお，シックリフト工法等，舗装体の温度が低下しにくいことが想定される場合には，「**4.6** その他の材料」にも示した中温化添加剤の採用や，舗装冷却機械による強制冷却等を状況に応じて検討するとよい．

　コンクリート系舗装に使用する混合物は，④でも述べたように，コンシステンシーの急速な変化が想定されるので，迅速な施工・養生ができるように計画する．

　ブロック系舗装を行う場合，敷砂厚が不均一であると早期に不陸が発生する等，性能が失われることがあるので路盤は均一に仕上げるよう敷きならし方法（機械）等の選定を検討する．

5.3　施工方法

5.3.1　施工の基盤の確認

　要求される性能を確保するため，施工の基盤の状態を事前に把握しておくことが必要である．

【解　説】

　施工の基盤が粘性土や高含水比の土である場合には，こね返しや過転圧による強度低下が懸念されるため，土の性状を十分に把握しておく必要がある．特に路床浸透型の透水性舗装の場合には，交通開放後の雨水浸透と交通荷重により強度低下も懸念されるので，土の性状には十分に留意する．必要に応じて安定処理などの強化工法を検討するとよい．

　施工の基盤が路床より上の面となる場合（路盤あるいは基層）には，支持力の確認とともに透水能力の確認（透水量の測定等）も行い，透水性舗装としてそのまま適用できるのかを判断するとよい．

　施工の基盤以下に既設地下埋設物がある場合には，その埋め戻し状態を確認し，必要に応じて埋設物管理者と協議する．さらに，街路灯・大型標識等根入れの大きい道路構造物の基礎部分にも留意する．（「5.5　既存地下埋設物対策」を参照する）

5.3.2　構築路床の施工

　路床は，交通荷重を支える面として適切な支持力を確保することが必要である．特に

路床浸透型の透水性舗装の場合には，構築路床が透水性であることより，水による支持力低下を防ぐための配慮が必要である．

【解　説】

　路床は支持力を低下させないように留意するとともに，所定の縦横断形状に平たんに仕上げなければならない．特に路床浸透型の透水性舗装の場合においては，部分的な施工不良箇所も後に重大な影響を及ぼす可能性があることから，均一な層に仕上げるようにする．

　縦断勾配や片排水等で集水面積が大きくなるような箇所では，流末付近の路床状態について特に注意する．施工中は必要に応じて仮排水溝を設け，供用後については透水トレンチ，鉛直方向の排水孔の設置等，浸透・排水構造物と構築路床とを総合的に検討するようにする．

　路床の支持力は，降雨量や地下水位などの影響で変化する場合があるので，施工時期を勘案したり，場合によっては安定処理を施したりするなどの対策を講じるとよい．

5.3.3　フィルター層の施工

　フィルター層は，雨水が路床へ浸透する際のフィルター機能と，路床の細粒分が路盤に侵入することを防ぐ等の目的で設けられるため，路床土とフィルター層が混じらないように注意して施工することが重要である．

【解　説】

　一般的には，小型ブルドーザや人力等で均等に敷きならし，整正する．フィルター層に砂を使用する場合にはクローラ転圧でもよいが，各種副産物（陶器屑，タイル砕，スラグ，再生路盤材　等）や活性炭等を用いる場合には，振動ローラやタイヤローラで転圧する等，使用する材料により機種を選定するとよい．

　ジオテキスタイルにてフィルター層を包み込む場合には，施工面を乱さないように注意するとともに，フィルター材を確実に包み込むようにする．

　透水性コンクリート舗装の場合，雨水等による浸食防止や軟弱化防止対策としてフィルター層を安定処理した例もある．

5.3.4　透水性アスファルト舗装の施工

　透水性アスファルト舗装の施工上の留意点を，以下に示す．

（1）下層路盤の施工

　透水性アスファルト舗装の下層路盤には一般的に粒状路盤としてクラッシャランや再生クラッシャラン等が用いられている．粒状材料は粒度分布により透水性能が異なるので，施工においては材料分離に十分注意する．

【解　説】

　材料の敷きならしについては，フィルター層の施工と同様，施工面を乱さないように注意し，小型ブルドーザやモーターグレーダ等によって均一に敷きならす．また，材料分離は透水機能に大きく左右するため，細粒分が偏らないよういくつかに分けて荷下ろ

しする等，十分注意して施工するとともに材料の含水比にも留意する．

　プライムコートは原則として施工しないが，施工中の雨水による路盤の浸食等が懸念される場合には，高浸透性乳剤等を使用して路盤の浸食防止を検討するとよい．散布量については施工条件および透水機能維持等に注意し，既往の実績を参考にしたり，必要に応じて試験施工等を実施して決めるとよい．

（2）上層路盤の施工

　透水性アスファルト舗装の上層路盤には，粒状材料，透水性セメント安定処理混合物，透水性瀝青安定処理混合物，および開粒度タイプの加熱アスファルト混合物等が用いられている．これらの材料は気象条件や現場条件により，コンシステンシーやワーカビリティーが変化しやすいものが多いので，十分留意して施工を行う．

【解　説】

　プラントにて製造する透水性セメント安定処理混合物の運搬に際しては，施工時間も含めた水分管理を行うようにする．詳しくは「5.3.5　透水性コンクリート舗装の施工（1）路盤の施工」を参照する．

　透水性瀝青安定処理混合物，および開粒度タイプの加熱アスファルト混合物など，アスファルト混合物の製造・運搬に際しては空隙の多い混合物であるため温度低下が早い．運搬時の二重シートによる保温やプラントとの出荷調整連絡を密にする等，温度管理に特に注意する．また，敷きならしから転圧までをすみやかに行うようにするとともに，アスファルトフィニッシャのホッパ端部に材料が留まることがないよう，こまめにホッパを調整し温度低下した材料を使用しないようにする等の対策を講じる．

　敷きならしはブルドーザやモーターグレーダおよびアスファルトフィニッシャを使用して行うが，駐車場や歩道等，機械施工が困難な箇所については人力にて行う．転圧はロードローラおよびタイヤローラの使用が一般的であるが，施工条件に合わせた機種を選定する．

　透水性の材料は，粗骨材量が多く表面の凹凸が大きいことから，特に施工継ぎ目や構造物との接触部分が弱点となるおそれがあるので，十分締め固めて密着させる．

　タックコートは通常，構造物との接続部以外は施工しないが，交通開放等で路面が汚れている場合には，プライムコートと同様に透水機能維持に注意して散布するとよい．散布量については施工目的や適用条件を考慮し，既往の実績を参考にしたり，必要に応じて試験施工等で決めるとよい．

（3）表・基層の施工

　透水性アスファルト舗装の表・基層には，ポーラスアスファルト混合物(20，13)や開粒度アスファルト混合物(13)等が状況に応じて用いられている．透水性舗装には，平たん性やすべり抵抗性といった通常の舗装に求められる機能の他に透水機能が求められるため，特に表・基層の施工においてはこれらのことに十分留意して施工する必要がある．

【解　説】

　敷きならしには原則としてアスファルトフィニッシャを使用し，ロードローラとタイ

ヤローラ等にて転圧し，所定の厚さ・高さに仕上げる．ただし，空隙つぶれを防ぐため，高温時のタイヤローラによる転圧を避けることや，現場条件を考慮した施工方法を採用する等，転圧機種および施工方法の選定には留意する．

表層の施工に際しては平たん性の確保に留意し，施工継ぎ目をできるだけ少なくするように計画する．また，施工継ぎ目や構造物との接触部分が弱点となるおそれがあるので，十分締め固めて密着させる．

特に骨材飛散が懸念される車道の場合には，舗装の耐久性向上を目的として，樹脂系材料や乳剤系材料等による表面処理工法を施工することもある．

施工状況を**写真-5.1～5.6**に示す．

写真-5.1　フィルター層工
（ジオテキスタイル敷設状況）

写真-5.2　フィルター層工
（フィルター材敷きならし状況）

写真-5.3　下層路盤の敷きならし状況
（クラッシャラン）

写真-5.4　上層路盤～表層の舗設状況
（開粒度タイプのアスファルト混合物）

写真-5.5　表面処理の施工状況
（樹脂の散布）

写真-5.6　表面処理状況
（透水性樹脂モルタル（白）を表面に充填）

5.3.5 透水性コンクリート舗装の施工

透水性コンクリート舗装の施工上の留意点を以下に示す．

（1）下層および上層路盤の施工

透水性コンクリート舗装の路盤には，透水性セメント安定処理混合物やポーラスコンクリート等が使用されることが多く，敷きならしには通常アスファルトフィニッシャが使用されている．

【解　説】

プラントにて製造する透水性セメント安定処理路混合物やポーラスコンクリートの運搬に際しては，施工時間も含め水分管理に注意する．施工に際しては，必要に応じて，高締固め型のアスファルトフィニッシャ等を使用して敷きならす．転圧はロードローラおよびタイヤローラを使用し，十分に締め固める．また，施工中の鉄輪への付着を防止するため，ゴム巻きの鉄輪ローラを使用することもある．

現場条件によっては現位置混合による透水性高強度セメント安定処理路盤を構築する場合がある．この場合においても締固め管理には十分に注意する．

透水性瀝青安定処理混合物や，開粒度タイプの加熱アスファルト混合物と同様，施工継ぎ目が弱点となりやすいので，フレッシュな面を露出させて新規混合物を舗設する等，接合処理には十分配慮する．

（2）コンクリート版の施工

コンクリート版には一般にポーラスコンクリートが用いられており，敷きならしにはアスファルトフィニッシャが使用されることが多い．

【解　説】

車道におけるポーラスコンクリートの敷きならしについては，原則として高締固め型のアスファルトフィニッシャを使用し，必要に応じて小型ローラ等にて締め固め，所定の厚さ・高さに仕上げる．

ポーラスコンクリートは，特に気温や日射および風の影響を受けやすい混合物であるので，ワーカビリティーが確保されている間に迅速に作業できるように舗設計画を立てる．

打ち継ぎ目の施工については路盤の施工と同様である．

締固め作業が終了したら，すみやかに養生を開始する．一般的な養生としては，被膜養生剤を散布した後ビニールシート等を布設して乾燥を防ぐようにする．翌日以降は，使用材料・気象条件等に合わせた養生を行う．

施工状況を**写真－5.7～5.11**に示す．

写真−5.7　フィルター層の施工状況
（上部をセメント安定処理）

写真−5.8　路盤工施工状況
（ポーラスコンクリートを使用）

写真−5.9　路盤工施工状況
（透水性セメント安定処理混合物を使用）

写真−5.10　コンクリート版施工状況
（ポーラスコンクリートを使用）

写真−5.11　コンクリート版施工状況
（ポーラスコンクリートを使用）

（3）目地の設置

　透水性舗装のコンクリート版に設ける目地は，目地間隔4m程度，目地幅3〜5mm，深さ40mm程度でカッター切断するダミー目地が設けられることが多い．カッター切断後，角欠け防止として目地材を注入するが，透水機能を阻害しない注入深さとする．なお，一般にはダウエルバーやタイバーといった補強金物は使用しない．

5.3.6 透水性ブロック舗装の施工

透水性ブロック舗装の施工上の留意点を以下に示す．

(1) 下層および上層路盤の施工

下層および上層路盤の施工については，「**5.3.4 透水性アスファルト舗装の施工（1）および（2）**」を参照する．

(2) 敷砂の施工

敷砂は路盤および舗装面の凹凸を調整し，ブロックの安定性と平たん性を確保すると同時に，荷重を分散して路盤に伝達するために設けるものである．

【解　説】

敷砂があまり厚くなったり不均一になったりすると不陸の原因となり，将来的な破損の原因となる．このため，平たん性はあくまで路盤にて確保するものとする．敷砂の厚さは2～3cmを標準としている．

雨水等により敷砂が流出することが懸念される場合には，路盤上面に流出防止用の不織布を布設することもある．

なお，詳しい施工方法は「インターロッキングブロック舗装　設計施工要領」を参照するとよい．

(3) ブロック（表層）の施工

ブロックの張り出し位置や端部の納まりについては，施工箇所に合わせてあらかじめ検討し計画しておく．

【解　説】

ブロックの目地充填材には一般的に砂を使用する．ブロックの表面まで均一に充填されるように，目地充填作業はタイヤローラやコンパクタによる転圧と平行して行うと効果的である．目地充填材がブロック表面まで十分に充填されるまで繰り返し行う．

なお，詳しい施工方法は「インターロッキングブロック舗装　設計施工要領」を参照するとよい．

5.3.7 既設舗装との継ぎ目の施工

透水性舗装施工区間から既設舗装へ構造が変化する箇所においては，境界部断面に遮水を目的として乳剤を塗布したり，遮水シートや不透水なアスファルト混合物などを設置したりして，既設舗装の路盤以下への水の浸入を防ぐように配慮するとともに，境界部に雨水等が滞留しないよう排水処理にも留意する．特に縦断勾配が大きく，接続する既設舗装の高さが低い場合においては，透水性舗装からの雨水等の浸入が顕著であることが予想されるのでその対策には十分留意する．

5.4 浸透・貯留施設

浸透・貯留施設の施工に当たっては，施工中に流入する土砂等を考慮し，浸透機能を低下させることのないように施工時期や雨水の処理方法等に十分留意する．

なお，詳しくは「雨水浸透施設技術指針［案］調査・計画編」等を参照するとよい．

5.5 既存地下埋設物対策

既存地下埋設物については，雨水等の水の浸入を考慮していないことが多いと考えられるため，その対策については十分に検討する必要がある．

【解　説】

既存の地下埋設物は砂により埋め戻されている場合が多いことから，浸透水による流出が懸念されるため，固化材による安定処理や流出防止用の不織布を用いる等流出防止対策を検討する必要がある．

対策を講じるに当たっては，埋設物管理者との協議はもちろんであるが，施工においても極力立ち会い施工とし，連絡を密に取るようにする．

5.6 管理と検査

透水性舗装における出来形管理・品質管理については通常の舗装に準じることとする．透水性アスファルト舗装および透水性コンクリート舗装の管理項目等の例を**表－5.1～表－5.4**に，透水性ブロック舗装の管理項目等の例を**表－5.5～表－5.6**にそれぞれ示しておく．

なお，ここに示す値は参考値として示すものであり，適用する際には工事の規模，地域性，現場条件等を勘案して適宜定めるとよい．また，詳細については各工事の特記仕様書，共通仕様書，「舗装設計施工指針（平成18年版）」，「舗装施工便覧（平成18年版）」，「舗装設計便覧」，「インターロッキングブロック舗装 設計施工要領」等を参考にするとよい．

表−5.1 出来形管理項目，頻度，管理の限界および合格判定値の例

（透水性アスファルト舗装および透水性コンクリート舗装）

工種		項目	頻度	標準的な管理の限界	合格判定値 [5] X_{10}
路床		基準高	40mごと	±5cm以内	−
		幅	40mごと	−10cm以上	−
フィルター層		厚さ [1]	20mごと	−4.5cm以上	−
		幅 [2]	40mごと	−5cm以上	−
		重ね幅 [3]	40mごと	設計以上	−
下層路盤		基準高	20mごと	±4cm以内	−
		厚さ	20mごと	−4.5cm以上	−1.5cm以上
		幅	40mごと	−5cm以上	−
上層路盤	透水性セメント安定処理	厚さ	20mごと	−2.5cm以上	−0.8cm以上
		幅	100mごと	−5cm以上	−
	透水性瀝青安定処理	厚さ	20mごと	−1.5cm以上	−0.5cm以上
		幅	100mごと	−5cm以上	−
	ポーラスコンクリート（路盤に用いる場合）	厚さ	20mごと	−1.5cm以上	−0.5cm以上
		幅	100mごと	−5cm以上	−
基層（アスファルト混合物）		厚さ	1,000㎡ごと	−0.9cm以上	−0.3cm以上
		幅	100mごと	−2.5cm以上	−
		浸透水量 [4]	1,000㎡ごと	−	1000ml/15s 以上
表層（アスファルト混合物）		厚さ	1,000㎡ごと	−0.7cm以上	−0.2cm以上
		幅	100mごと	−2.5cm以上	−
		平たん性	車線ごと全延長	−	2.4mm以下
		浸透水量 [4]	1,000㎡ごと	−	1000ml/15s 以上
コンクリート版（ポーラスコンクリート）		厚さ	100mごと	−1.0cm以上	−0.35cm以上
		幅	40mごと	−2.5cm以上	−
		平たん性	車線ごと全延長	−	2.4mm以下
		浸透水量	1,000㎡ごと	−	1000ml/15s 以上

（注） 1) 下層路盤に準拠．施工厚さが薄い場合は別途検討の上定めるとよい．不織布などのシート材料を使用する場合は，品質証明書により確認する．

2) 下層路盤に準拠．

3) 不織布などのシート材料を使用する場合に適用．

4) 下記に示すような場合には検討の上，別途定める．

　① 積雪寒冷地域等において目標空隙率を20%未満に設定する場合

　② 混合物の最大粒径に10mmや8mmの骨材を用いる場合

　③ 混合物層を4cmよりも薄くする場合

5) 「舗装設計施工指針（平成18年版）」の**付表−10.1.1**を参照する．一般に合格判定値を適用するロットの大きさは，発注者が適切な規模に設定する．1ロットにつき10個以上の検査を行う．

表-5.2 中規模以上の工事における品質管理項目，頻度，管理の限界および合格判定値の例
（透水性アスファルト舗装および透水性コンクリート舗装　その1）

工　種		項　目		頻　度	標準的な管理の限界	合格判定値 [4] X_{10}
構築路床 [1]		締固め度		1回／500 ㎡	最大乾燥密度の90％以上	92.5％以上
		プルーフローリング		全幅全区間	—	—
下層路盤		含水比 PI・粒度		観察により異常が認められた時	—	—
		締固め度 [2]		1回／1,000 ㎡	最大乾燥密度の93％以上	95％以上
		プルーフローリング		随時	—	—
上層路盤	透水性セメント安定処理	粒度	2.36 mm	1〜2回／日	±15％以内	±10％以内
			75μm	1〜2回／日	±6％以内	±4％以内
		セメント量	定量試験	1〜2回／日	±1.2％以内	−0.8％以上
			使用量	随時	—	—
		締固め度 [2]		1回／1,000 ㎡	基準密度の93％以上	95％以上
		含水比・PI		観察により異常が認められた時	—	—
	透水性瀝青安定処理	温度		随時	—	—
		粒度	2.36 mm	抽出試験により1〜2回／日 [3]	±15％以内	±10％以内
			75μm		±6％以内	±4％以内
		アスファルト量			±1.2％以内	−0.8％以上
		締固め度 [2]		1回／1,000 ㎡	基準密度の93％以上	95％以上

（注）1）「舗装施工便覧（平成18年版）」の**表-10.5.2**を参照する．

2）特に雨水貯留率を考慮する場合（特定都市河川流域に指定された区域等）の施工において，締固め度が設計時の締固め度（100％）を超えないように留意するよう求められる場合もある．

3）印字記録による場合は，「舗装施工便覧（平成18年版）」を参考にするとよい．

4）「舗装設計施工指針（平成18年版）」の**付表-10.1.2**を参照する．
一般に10,000 ㎡以下を1ロットとし，10個の測定値の平均が合格判定値以内にあるかを判定する．

表-5.3 中規模以上の工事における品質管理項目，頻度，管理の限界および合格判定値の例
（透水性アスファルト舗装および透水性コンクリート舗装　その2）

工　種	項　目		頻　度	標準的な管理の限界	合格判定値[3] X_{10}
基層・表層 (アスファルト混合物)	温度		随時	—	—
	粒度	2.36 mm	抽出試験により	±12%以内	±8%以内
		75μm		±5%以内	±3.5%以内
	アスファルト量		1～2回／日 [1]	±0.9%以内	±0.55%以内
	締固め度 [2]		1回／1,000 ㎡	基準密度の94%以上	96%以上
コンクリート版 (ポーラスコンクリート)	粒度・単位体積質量		細骨材：300 ㎥ 粗骨材：500 ㎥ 上記毎に1回	—	—
	細骨材の表面水率		2回／日	—	—
	コンシステンシー		2回／日	設定値の範囲	—
	コンクリート温度		コンシステンシー測定時	—	—
	コンクリート強度		2回／日	1回の結果が設計強度の85%以上 3回の平均が設計強度以上	—

（注）1）印字記録による場合は，「舗装施工便覧（平成18年版）」を参考にするとよい．

2）特に雨水貯留率を考慮する場合（特定都市河川流域に指定された区域等）の施工において，締固め度が設計時の締固め度（100%）を超えないように留意するよう求められる場合もある．

3）「舗装設計施工指針（平成18年版）」の**付表-10.1.2**を参照する．一般に10,000 ㎡以下を1ロットとし，10個の測定値の平均が合格判定値以内にあるかを判定する．

表−5.4 小規模工事における品質管理項目，頻度および管理の限界の例
（透水性アスファルト舗装および透水性コンクリート舗装）

工　種	項　目		頻　度	標準的な管理の限界	備　考
構築路床	締固め度		1回／1工事	最大乾燥密度の90％以上	異常が認められた時に実施
下層路盤	締固め度 [1]		1回／1,000 ㎡	最大乾燥密度の93％以上	異常が認められた時に実施
上層路盤 透水性セメント安定処理	セメント使用量		随時	−	空袋確認
	締固め度 [1]		1回／1,000 ㎡	基準密度の93％以上	異常が認められた時に実施
	含水比・PI		観察により異常が認められた時	−	
上層路盤 透水性瀝青安定処理	温度		随時	−	−
	アスファルト量		抽出試験により1〜2回／日 [2]	±1.2％以内	異常が認められた時に実施
	締固め度 [1]		1回／1,000 ㎡	基準密度の93％以上	
基層・表層（アスファルト混合物）	温度		随時	−	−
	粒度	2.36 mm	抽出試験により1〜2回／日 [2]	±12％以内	異常が認められた時に実施
		75μm		±5％以内	
	アスファルト量			±0.9％以内	
	締固め度 [1]		1回／1,000 ㎡	基準密度の94％以上	
コンクリート版（ポーラスコンクリート）	粒度・単位体積質量		細骨材：300 ㎥ 粗骨材：500 ㎥ 上記毎に1回	−	異常が認められた時に実施
	細骨材の表面水率		2回／日	−	
	コンシステンシー		2回／日	設定値の範囲	−
	コンクリート温度		コンシステンシー測定時	−	−
	コンクリート強度		2回／日	1回の結果が設計強度の85％以上 3回の平均が設計強度以上	−

（注） 1) 特に雨水貯留率を考慮する場合（特定都市河川流域に指定された区域等）の施工において，締固め度が設計時の締固め度（100％）を超えないように留意するよう求められる場合もある．

2) 印字記録による場合は，「舗装施工便覧(平成18年版)」を参考にするとよい．

表-5.5 出来形管理項目,頻度および合格判定値の例(歩行者系透水性ブロック舗装) [1]

工種	項目	頻度	管理の限界	合格判定値 [4]
上層路盤	基準高	20mごと	検査水準や施工能力を考慮して決定	±0.5cm以内
上層路盤	厚さ	20mごと	検査水準や施工能力を考慮して決定	−5cm以上
上層路盤	幅	40mごと	検査水準や施工能力を考慮して決定	−10cm以上
ブロック層 [2]	幅	40mごと	検査水準や施工能力を考慮して決定	−3cm以上
ブロック層 [2]	段差 [3]	目視により異常の認められる箇所	検査水準や施工能力を考慮して決定	3mm以下

(注) 1)「インターロッキングブロック舗装 設計施工要領」((社)インターロッキングブロック舗装技術協会,平成12年7月)に準拠.

2) 敷砂・目地砂・ブロックを合わせてブロック層と呼ぶ.

3)「インターロッキングブロック舗装 設計施工要領」((社)インターロッキングブロック舗装技術協会,平成12年7月)に記載された方法による.

4) 1ロットの大きさは1,000 m²以下とし,それぞれについて検査し合格・不合格を判定する.

表-5.6 品質管理項目,頻度および合格判定値の例(歩行者系透水性ブロック舗装) [1]

工種	項目	頻度	管理の限界	合格判定値 [2]
ブロック	曲げ強度	500 m²に1回または1日1回	検査水準や過去の施工実績を考慮して決定	3MPa以上
ブロック	透水性	500 m²に1回または1日1回	検査水準や過去の施工実績を考慮して決定	1×10^{-2} cm/s以上
ブロック	寸法(縦・横)	500 m²に1回または1日1回	検査水準や過去の施工実績を考慮して決定	±2.5mm以内
ブロック	寸法(厚さ)	500 m²に1回または1日1回	検査水準や過去の施工実績を考慮して決定	−1〜+4mm以内
ブロック	外観	全数量	−	異常がないこと

(注) 1)「インターロッキングブロック舗装 設計施工要領」((社)インターロッキングブロック舗装技術協会,平成12年7月)に準拠.

2) 外観以外の検査は,1,000 m²に相当する量を1ロットとし,1ロットから任意に3個のブロックを抜き取り判定する.

第6章 性能の確認

6.1 概説

性能指標の値は,「舗装の構造に関する技術基準・同解説」に従い,舗装の施工直後に確認する.また,供用一定期間経過後の値を規定された場合は,その時点で確認する.

【解　説】
① 施工直後とは通常,工事完了後の交通に供する前の時期を指しているが,修繕工事などでは,日々施工完了後供用状態になる場合も多い.このような場合は供用による性能低下の影響を受けないできるだけ早い段階で確認することが望ましい.
② 透水性舗装の場合,降雨時でないと確認できない性能指標が規定される可能性もあるので,着工前に確認時期,方法等についてよく協議を行う.
③ 出来形,品質によって性能を確認する方法を用いる場合は,工程の途中段階での確認が必要となる場合もあるので,遅滞なく確認が行えるよう測定準備,立会依頼を事前に計画,準備する.
④ 埋設計器による測定値を性能指標に直接または間接的に用いる場合は,事前に供用後の実施状態になるべく近い状態で動作確認を行うことが望ましい.

6.2 性能確認の例

車道および側帯の必須の性能指標の確認方法は,「舗装の構造に関する技術基準・同解説」および「舗装性能評価法」に従うものとする.駐車場や歩道などの舗装の性能については「舗装設計施工指針（平成18年版）」を参考にするとよい.

【解　説】
① 透水性舗装の必要に応じて定める性能指標の例と確認方法
表-6.1に透水性舗装の性能指標とその確認方法の例を示す.

表-6.1 透水性舗装の性能指標と確認方法の例

性能指標		確認方法
雨水浸透,貯留に関する性能	最大流出量比	路床の浸透能力,舗装材料の貯留率が,水収支計算時に設定した値を満足しているか確認を行う. 貯留率の性能確認は,設計時に貯留率を想定した際の締固め度の値以下であり,かつ必要な値以上を確保していることを確認する. 路床の浸透能力の確認は,整正後の路床の密度と水収支計算を行う際に透水試験を行った状態での密度を比較し,大きく変化のないことを確認する.
	雨水一時貯留可能量	舗装各層の仕上がり密度とその層厚を確認し,それらをもとに連続空隙（間隙）率を算出する.得られた空隙（間隙）率と層厚から舗装体内貯留可能量を算出し,その結果が雨水一時貯留可能量の値を満足していることを確認する.
騒音値 （※車道透水性舗装にのみ適用）		舗装路面騒音測定車により舗装のタイヤ／路面騒音レベルを測定し,その結果が性能指標の値を満足していることを確認する.

② 必須の性能指標の確認方法

車道および側帯の必須の性能指標の値の確認方法については，「舗装の構造に関する技術基準・同解説」および「舗装性能評価法」に準拠する．

表-6.2 に必須の性能指標とその確認方法を示す．

表-6.2 必須の性能指標と確認方法

性能指標	確認方法
疲労破壊輪数	1) 任意の車道(2以上の車線を有する道路にあっては，各車線)の中央から1m離れた任意の舗装の部分の路面に対し，促進載荷試験装置を用いた繰返し載荷試験によって確認する．
	2) 1)の疲労破壊輪数は，当該舗装道の区間の舗装と舗装構成が同一である舗装の供試体による繰り返し載荷試験によって確認できる．
	3) 当該舗装道の区間と舗装構成が同一である他の舗装道の区間の舗装の疲労破壊輪数が過去の実績からみて確認されている場合は，当該舗装の疲労破壊輪数の値とする．
	4) T_A法により設計を行う場合は，あらためて確認する必要はない．
	5) FWDを用いて，対象とする舗装のたわみを直接現地で測定し，荷重・温度補正したたわみ量D0の平均値から疲労破壊輪数の推定式を用いて算出する．
塑性変形輪数	1) 塑性変形輪数は，現地における促進載荷装置を用いた繰返し載荷試験によって確認する．
	2) 1)の数値は，同一の厚さ・材質の表層をもつ供試体による試験温度60℃での繰返し載荷試験によって確認する．
	3) 1)の数値は，試験温度60℃での現場の締固め度に応じたホイールトラッキング試験によって確認する．
	4) 同一の表層からなる他区間での塑性変形輪数が確認されている場合，その値を用いる．
平たん性	舗装路面の平たん性は，3mプロフィルメータによる平たん性測定方法またはこれと同等の平たん性を算定できる測定方法によって確認する．
浸透水量	舗装路面の浸透水量は1,000m^2につき1箇所以上の割合で任意に選定した直径15cmの円形の舗装路面に対し，路面から高さ60cmまで満たした水を400ml注入させた場合の時間から算定する方法によって確認する．

6.3 透水性舗装のモニタリング

透水性舗装は多くの性能を有しているが，いまだその詳細な知見がまとめられているとは言えない．そのため，これらさまざまな性能についてそのモニタリング（追跡調査など）が実施される場合も多い．モニタリング項目は多岐にわたるが，求める性能をよく表わしうる項目，測定方法を選択することが望ましい．本項においては透水性舗装のモニタリング例を示す．

【解　説】

① 透水性舗装のモニタリングの代表的な例としては**表-6.3**に示すようなものがある．

表-6.3 透水・貯留性能のモニタリング項目と測定方法の例

求める性能またはデータ	モニタリング項目	測定方法・使用機器
貯留, 流出抑制など	舗装体内の含水状態	土壌水分計, 間隙水圧計
	溢流量, 排水量	転倒ます, 三角堰式流量計 超音波流量計, 水位計
透水性能	透水量	現場透水量試験
舗装以外の項目	気象項目（気温, 日射量等）	降雨計, 風向・風速計 放射計, 気象庁データ

写真-6.1 転倒ます

写真-6.2 水位計

写真-6.3 風向・風速計および放射計

写真-6.4 流量計

② 埋設機器は施工時および供用時に破損しやすく，施工後の再設置も通常困難なことから，十分な対策をたてるとともに，実際の舗装構成，施工方法を模擬した試験施工を実施して検討するとよい．

③ モニタリング機器は長期間屋外に設置されるものが多いことから，メンテナンスの容易なものが望ましいが，データ精度，設置位置等も鑑み適切なものを選択するようにする．

④ 貯留，流出抑制に関するモニタリングは対象とする舗装体の側面からの雨水流出や，水はねによる対象面外への飛水など，必要とされる流出量をモニタリングできるよう，施工計画段階で対応策を検討するのが望ましい．

第7章　維持・修繕

7.1　概　説

　透水性舗装は，空隙率の大きな混合物を用いているため排水性舗装と同様，骨材の飛散が懸念される．また，その空隙が泥や粉塵などで閉塞する「空隙づまり」に加え，特にアスファルト系舗装の場合は走行車両によるニーディング作用などの影響によりアスファルトモルタルで閉塞したり，圧密によって閉塞するなど「空隙つぶれ」が考えられる．さらに，大雨の直後や出水時におけるゴミや泥の流入により，浸透トレンチや集水ますが詰まることも想定される．

　したがって，透水性舗装がその機能や特徴を持続していくためには，維持管理を適切な時期に効果的に実施していく必要がある．

　なお，維持とは計画的に反復して行う手入れまたは軽度な修理であり，路面の性能を回復させることを目的に実施するものである．

7.2　透水性舗装の破損原因と対応策

　透水性舗装の破損原因と対応策を**表－7.1**に示す．

表－7.1　破損原因と対応策[1]

破損と機能低下		原因	対応策	適用 アスファルト系	適用 コンクリート系	適用 ブロック系	区分
路面の破損	骨材の飛散	バインダの骨材把握力の不足	樹脂系材料による表面処理	○	—	—	維持
			切削オーバーレイ	○	—	—	修繕
		混合物温度、転圧温度の不適正	〃	○	—	—	
		養生不良	パッチング	—	○	—	
	ポットホール	カットバック	パッチング	○	—	—	
		混合物の品質不良、転圧不足	〃	○	—	—	
	透水能力の低下	空隙づまり	高圧水等による洗浄及び吸引	○	○	○	維持
		空隙つぶれ	切削オーバーレイ	○	—	—	修繕
構造的破損	路面の沈下	設計上の断面不足や供用後の交通量の増大	路床構築（打換等）	○	○	—	修繕
			部分断面打換、路盤材変更	○	○	—	
			打換工法による増厚	○	○	—	
	ブロックのガタツキ・破損	敷砂の不陸	不陸修正	—	—	○	
		敷砂の流出	路盤上面への不織布の敷設	—	—	○	
	透水能力の低下	排水処理構造の不良	排水処理構造等の改良	○	○	○	
		浸透・貯留施設への土砂づまり	定期的な点検・清掃（人力清掃・吸引）	○	○	○	維持

（注）1）「透水性舗装の性能向上に関する研究報告書」（住宅・都市整備公団建築部,住宅都市試験研究所（委託先：(社)日本道路建設業協会道路試験所）平成7年3月）に加筆修正

　空隙づまりの対応策として用いられている高圧水等による洗浄および吸引装置を装備した機能維持装置の例を**写真－7.1**に，また，その効果のイメージを**図－7.1**に示す．

写真－7.1　機能維持装置

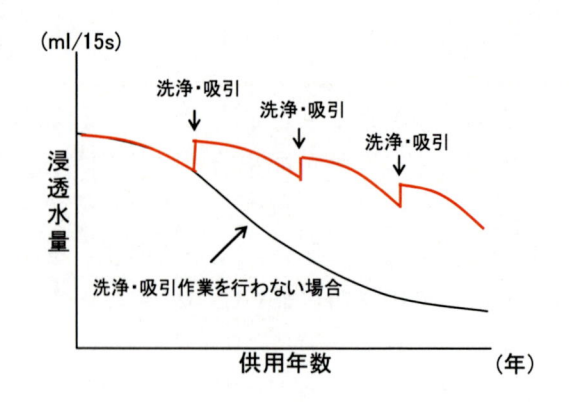

図−7.1　機能維持のイメージ

また，**図−7.2**および**図−7.3**に吸引部の機構の例を示す．

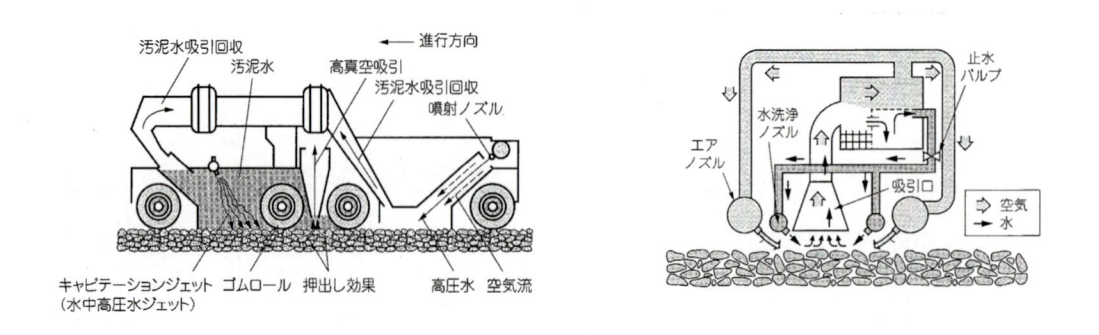

図−7.2　高真空型吸引部の機構の例　　　図−7.3　高速型（送風型）の機構の例

出典：「舗装技術の質疑応答 第9巻」（建設図書,平成17年7月15日）

【解　説】
　表−7.1に示すように，路面の破損の対応策として切削オーバーレイやパッチングによる場合がある．これらの場合，下層の空隙づまりが生じる可能性があるので，必要に応じて吸引装置により切削路面の清掃も考慮する．また，**図−7.1**に示したイメージは，供用後の透水率によって異なり，一般地域より積雪・寒冷地域のほうが一般に機能回復効果が小さいとも言われている．また，空隙内に詰まる物質が細砂分よりも細かいものが多いほど，機能回復効果が小さいものと思われる．

7.3　今後の課題
7.3.1　舗装としての耐久性に係わる維持管理
　骨材の飛散やポットホールあるいはブロックの破損等といった耐久性に係わる維持管理は，日常の点検により異常の有無を確認し適切な対応策を採る必要がある．

7.3.2　透水性舗装の機能に係わる維持管理
　透水性舗装の機能低下，特に，空隙づまりを解消する方法として高圧洗浄機（機能回復装置）による洗浄および吸引の適用が考えられるが，その適用に関する問題として以

下の点が考えられる．
① 洗浄時期：どの程度まで空隙が詰まったら洗浄・吸引するのが適切か，また，その管理基準をどのように設定するか．過去の試験舗装では，透水性能の回復は浸透水量が400ml/15sとなった時点で行った事例もある
② 洗浄頻度：どの程度の頻度で実施するのが効果的か
③ 原因の特定：特にアスファルト系舗装の場合について，機能低下は，空隙づまりによるものか空隙つぶれによるものかの判断基準

また，アスファルト系透水性舗装の空隙つぶれの予防的維持対策として，樹脂系材料による表面処理工法が適用された例(**写真－5.5**，**写真－5.6 参照**)があるが，これらの効果については今後も継続的課題と考えられる．

7.3.3 発生材の有効利用（リサイクル）

車道透水性舗装における表・基層用のアスファルト系混合物は，バインダにポリマー改質アスファルトH型やポリマー改質アスファルトⅡ型等が使用されていることが多く，その再生利用についてはまだ研究段階であり，有効利用が課題となる．また，コンクリート系およびブロック系の発生材の再生路盤材等としての有効利用も求められる．

付　録

付録-1　水収支計算例
付録-2　簡便な透水設計例
付録-3　関連図書
付録-4　施工断面例
付録-5　モニタリングの事例

付録-1　水収支計算例

　独立行政法人　土木研究所では,「道路技術研究グループ　舗装チーム」のホームページに「透水性舗装水収支計算プログラム　Ver.4」を公開提供している.
　「透水性舗装水収支計算プログラム　Ver.4」を用いると,以下の雨水処理方法による計算を容易に行うことができる.なお,計算の過程については,「道路路面雨水処理マニュアル（案）」の「付録-7　透水性舗装の雨水流出抑制性能計算例」に示されている.

　プログラムの概要は以下のとおりである.

（1）雨水処理方法と使用プログラム
　雨水の処理法により,それぞれの計算プログラムを使用する.

- ・水収支計算（路床浸透のみ）
  　雨水を路床下への浸透のみで処理するタイプ
- ・水収支計算（管流出のみ）
  　雨水を放流孔からの排水のみで処理するタイプ
- ・水収支計算（路床浸透＋管流出）
  　雨水を路床浸透と放流孔からの排水両方で処理するタイプ

（2）主要な入力条件
　入力する条件は以下のとおりである.

①　各層の空隙率と厚さ
②　路床の透水係数（管排水のみの場合は不要）
③　比浸透量の係数（管排水のみの場合は不要）
④　ハイエトグラフ（降雨波形）の係数
⑤　降雨量に対する有効降雨

管排水を行う場合
⑥　放流孔の形状寸法,流出係数,設置間隔
⑦　車道幅員
⑧　10分間における最大雨量
⑨　目標最大流出量比（最大流出雨水量/最大雨量）

≪水収支計算例（路床浸透のみ）≫

（1）条件入力例

プログラム（EXCEL）中のワークシート「条件入力」では，☐箇所に入力するようになっている．

項目	水収支計算プログラム入力例	解　説
舗装条件	(舗装断面図) 表層　5cm　開粒度アスファルト混合物 基層　5cm　開粒度アスファルト混合物 上層路盤　10cm　透水性アスファルト安定処理路盤 下層路盤　33cm　クラッシャラン(C-40) ⇓⇓⇓⇓ 路床 （入力箇所を抜粋） 材料特性／名称／透水係数(cm/s)／空隙率(%)／厚さ(mm)／水拘束率(%) 表層／開粒度As／2.0E-01／20／50／1.5 基層／開粒度As／2.0E-01／20／50／1.5 上層路盤／透水性As安定処理／2.0E-01／20／100／1.5 下層路盤／C-40／7.0E-03／8／330／0.5 路床／砂質土／2.0E-04／—／—／— 合計／—／—／—／530／—	舗装断面は以下の条件を想定 ・交通量区分：N_6 ・設計CBR：8% ・目標T_A：26cm
路床浸透性能と水位の関係	比浸透量 $K = aH + b$ a　0.014 b　1.287	K_f(透水性舗装の比浸透量) = $0.014H + 1.287 (m^2/m^2)$ ただし，H：水位(m) 「道路路面雨水処理マニュアル（案）」P34参照
ハイエトグラフ条件入力	降雨強度 $I = a/(t^b + c)$ a　1452 b　0.7 c　7.5	ハイエトグラフ（降雨波形）は，降雨強度と時間の関係をグラフにより示したもので，ここでは神奈川県[注]を想定
降雨量と有効降雨	（有効降雨）$M = a \times$（降雨量）R a　0.9	有効雨量は，ハイドログラフに対し，貯留浸透機能をもった舗装内に浸透し，水収支を行う対象となる雨量 「道路路面雨水処理マニュアル（案）」P91参照

注）降雨強度式中の定数は「雨水貯留・浸透施設要覧」（（財）経済調査会　平成16年11月）を参照

（２）水収支計算結果例

　　プログラム（EXCEL）中のワークシート「水収支計算」では，以下の計算結果が自動的に出力される．最大流出量比（最大流出量／最大雨量）の目標を0.3としている場合は，目標を満足する舗装断面となっている．

（計算結果の1部を抜粋）

時間	ハイエトグラフ雨量	有効雨量	EXCEL計算用（水位の位置と高さ）				水位	表面流出量	
(分)	(mm/10分)	(mm/10分)					(mm)	(mm/10分)	(mm/h)
t	R	M	下層路盤層	上層路盤層	基層	表層	$h=f(V_{t-1})$	$M-Q-\Delta V$	
650	2.60	2.34	31.96	222.70	222.70	222.70	31.96	0.00	0.00
660	2.91	2.61	49.68	229.09	229.09	229.09	49.68	0.00	0.00
670	3.30	2.97	73.45	237.64	237.64	237.64	73.45	0.00	0.00
680	3.85	3.46	105.14	249.05	249.05	249.05	105.14	0.00	0.00
690	4.66	4.19	147.75	264.39	264.39	264.39	147.75	0.00	0.00
700	5.99	5.39	206.51	285.54	285.54	285.54	206.51	0.00	0.00
710	8.70	7.83	291.93	316.30	316.30	316.30	291.93	表面に流出	
720	19.34	17.41		366.54	366.54	366.54	366.54	0.00	0.00
730	11.60	10.44				493.39	493.39	4.31	25.87
740	7.06	6.36				530.00	530.00	4.80	28.81
750	5.23	4.71				530.00	530.00	3.15	18.92
760	4.21	3.79				530.00	530.00	2.23	13.41
770	3.55	3.20				530.00	530.00	1.64	9.86
780	3.09	2.78				530.00	530.00	1.23	7.36
790	2.74	2.47				530.00	530.00	0.92	5.50
800	2.48	2.23				530.00	530.00	0.68	4.06
810	2.26	2.04				530.00	530.00	0.48	2.90
820	2.09	1.88				530.00	530.00	0.32	1.95
830	1.94	1.75				530.00	530.00	0.19	1.15
840	1.81	1.63				530.00	530.00	0.08	0.48
850	1.71	1.54				530.00	530.00	0.00	0.00

最大値　19.34　　　　　　　　　　　　　　　　　　　　　　4.80

最大流出量比（最大流出量／最大雨量）＝　0.25　　（4.80／19.34 ＝ 0.25）

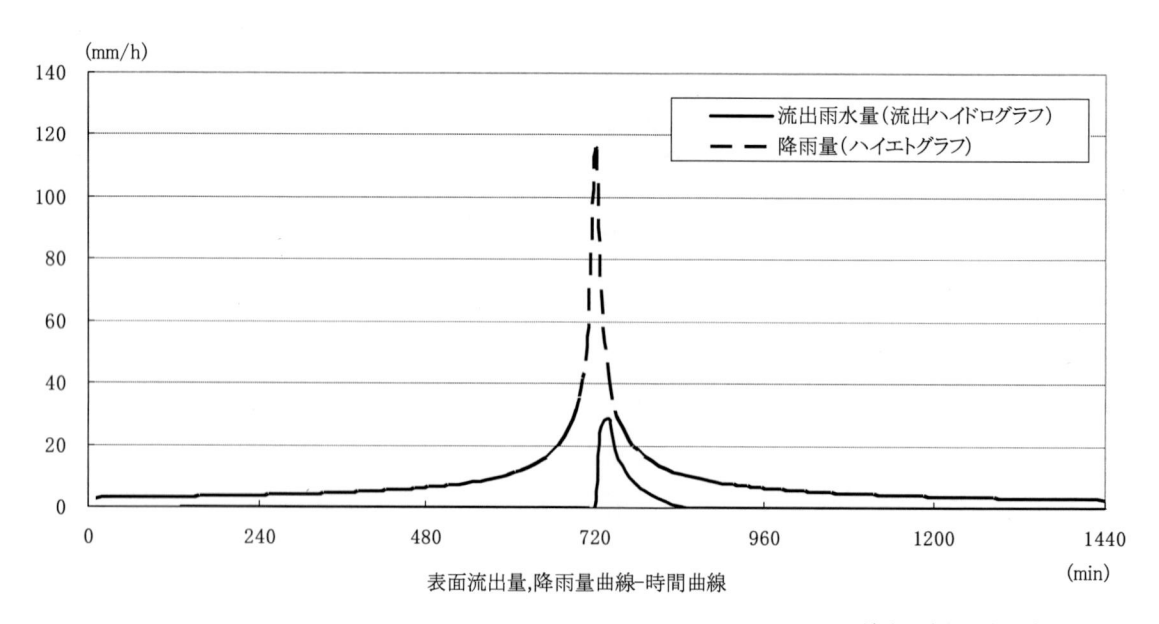

表面流出量,降雨量曲線-時間曲線

※流出雨水量＝表面流出量

≪水収支計算例（管流出のみ）≫

（1）条件入力例

プログラム（EXCEL）中のワークシート「条件入力」では，☐箇所に入力するようになっている．

項目	水収支計算プログラム入力例	解　説
舗装条件	舗装断面図： 表層 5cm 開粒度アスファルト混合物 基層 5cm 開粒度アスファルト混合物 上層路盤 10cm 透水性アスファルト安定処理路盤 下層路盤 33cm クラッシャラン（C-40） 透水管／路床／放流孔 （入力箇所を抜粋）材料特性： 表層：開粒度As、透水係数2.0E-01、空隙率20%、厚さ50mm、水拘束率1.5% 基層：開粒度As、2.0E-01、20、50、1.5 上層路盤：透水性As安定処理、2.0E-01、20、100、1.5 下層路盤：C-40、7.0E-03、8、330、0.5 路床：粘性土、-、-、-、- 合計：-、-、-、530、-	舗装断面は以下の条件を想定 ・交通量区分：N_6 ・設計CBR：8% ・目標T_A：26cm
ハイエトグラフ条件入力	降雨強度 $I = a / (t^b + c)$ a = 1452 b = 0.7 c = 7.5	ハイエトグラフ（降雨波形）は，降雨強度と時間の関係をグラフにより示したもので，ここでは神奈川県[注]を想定
降雨量と有効降雨	（有効降雨）M = a × （降雨量）R a = 0.9	有効雨量は，ハイドログラフに対し，貯留浸透機能をもった舗装内に浸透し，水収支を行う対象となる雨量 「道路路面雨水処理マニュアル（案）」P91参照
放流孔径と設置間隔の設定	放流孔径を 5 cm（直径）とする 流量係数C 0.6 放流孔断面積A 19.6 cm² よって，最大放流量（水位が最大の時）Qcは， Qc = 0.0370 m³/s = 13336 (l/h) ・・・d 10分間における最大雨量 116 （mm/h：10分当り）・・・a 目標最大流出量比 0.3 ・・・b 対象道路幅員 10 m ・・・c 設置間隔は a×b×c×L（設置間隔:m）≧ d が成り立つようにする よって，L ≧ 38.32 m である 以上から放流孔間隔 50 m として水収支計算する	10分間における最大雨量は，降雨強度式にt=10として算出 最大流出量比は最大流出量／最大雨量

注）降雨強度式中の定数は「雨水貯留・浸透施設要覧」（（財）経済調査会 平成16年11月）を参照

（2）水収支計算結果例

　プログラム（EXCEL）中のワークシート「水収支計算」では，以下の計算結果が自動的に出力される．最大流出量比（最大流出量/最大雨量）の目標を0.3としている場合は，目標を満足する舗装断面となっている．

（計算結果の1部を抜粋）

時間	ハイエトグラフ雨量	有効雨量	EXCEL計算用（水位の位置と高さ）				水位	表面流出量	単位延長当り流出雨水量
(分)	(mm/10分)	(mm/10分)	下層路盤層	上層路盤層	基層	表層	(mm)	(mm/10分)	(mm/h)
t	R	M					$h=f(V_{t-1})$	$M-Q-\Delta V$	表面流出水＋管排水量
650	2.60	2.34	111.71	251.42	251.42	251.42	111.71	0.00	11.05
660	2.91	2.61	122.83	255.42	255.42	255.42	122.83	0.00	11.74
670	3.30	2.97	137.46	260.68	260.68	260.68	137.46	0.00	12.59
680	3.85	3.46	156.88	267.68	267.68	267.68	156.88	0.00	13.63
690	4.66	4.19	183.37	277.21	277.21	277.21	183.37	0.00	14.94
700	5.99	5.39	221.18	290.83	290.83	290.83	221.18	0.00	16.62
710	8.70	7.83	279.43	311.79	311.79	311.79	279.43	0.00	18.93
720	19.34	17.41		349.19	349.19	349.19	349.19	0.00	21.37
730	11.60	10.44			459.95	459.95	459.95	0.00	24.75
740	7.06	6.36				510.47	510.47	0.00	26.15
750	5.23	4.71				526.45	526.45	0.00	26.58
760	4.21	3.79				528.66	528.66	0.00	26.64
770	3.55	3.20				523.45	523.45	0.00	26.50
780	3.09	2.78				513.69	513.69	0.00	26.24
790	2.74	2.47				500.95	500.95	0.00	25.89
800	2.48	2.23				486.18	486.18	0.00	25.49
810	2.26	2.04			470.03	470.03	470.03	0.00	25.04
820	2.09	1.88			452.94	452.94	452.94	0.00	24.55
830	1.94	1.75			435.22	435.22	435.22	0.00	24.04
840	1.81	1.63		417.14	417.14	417.14	417.14	0.00	23.50
850	1.71	1.54		398.86	398.86	398.86	398.86	0.00	22.95
最大値	19.34							表面流出なし	26.64

最大流出量比（最大流出量/最大雨量）＝　　0.23　　（26.64／（19.34×6）注）＝ 0.23）

注）mm/10分→mm/hへの変更による

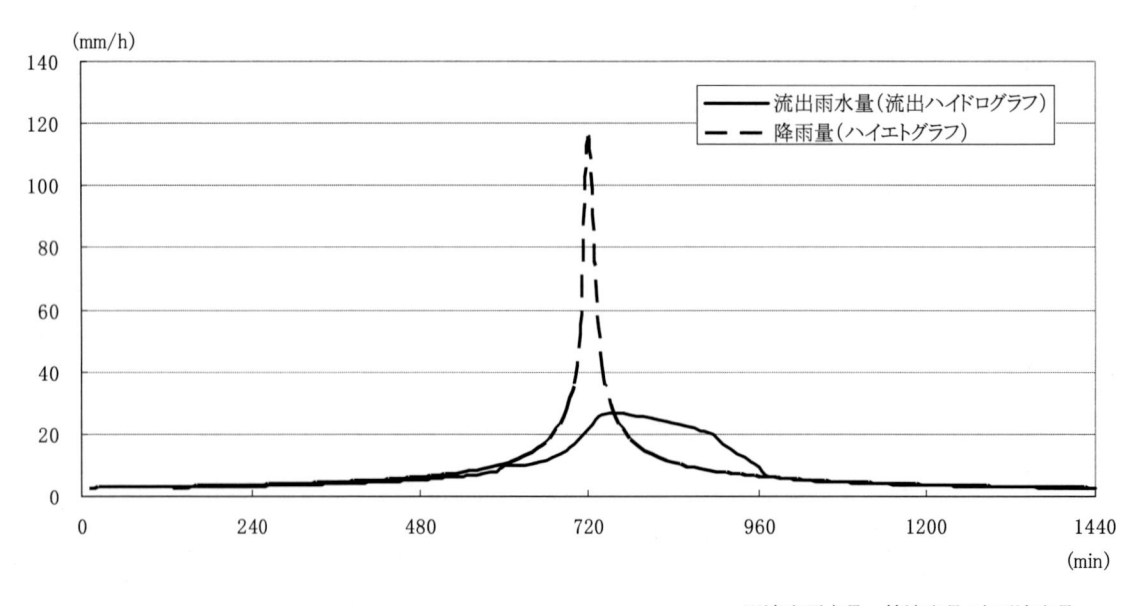

※流出雨水量＝管流出量＋表面流出量

≪水収支計算例（路床浸透＋管流出）≫

（1）条件入力例

　プログラム（EXCEL）中のワークシート「条件入力」では，□箇所に入力するようになっている．

項目	水収支計算プログラム入力例	解説
舗装条件	舗装断面図： 表層 5cm 開粒度アスファルト混合物 基層 5cm 開粒度アスファルト混合物 上層路盤 10cm 透水性アスファルト安定処理路盤 下層路盤 33cm クラッシャラン（C-40） 透水管／放流孔／路床 （入力箇所を抜粋） 材料特性表： 表層：開粒度As／透水係数 2.0E-01 cm/s／空隙率 20%／厚さ 50mm／水拘束率 1.5% 基層：開粒度As／2.0E-01／20／50／1.5 上層路盤：透水性As安定処理／2.0E-01／20／100／1.5 下層路盤：C-40／7.0E-03／8／330／0.5 路床：砂質土／2.0E-04／－／－／－ 合計：－／－／－／530／－	舗装断面は以下の条件を想定 ・交通量区分：N_6 ・設計CBR：8% ・目標T_A：26cm
路床浸透性能と水位の関係	比浸透量 $K = aH + b$ a＝0.014 b＝1.287	K_f（透水性舗装の比浸透量）＝$0.014H + 1.287$ (m^2/m^2) ただし，H：水位(m) 「道路路面雨水処理マニュアル（案）」P34参照
ハイエトグラフ条件入力	降雨強度 $I = a/(t^b + c)$ a＝1452 b＝0.7 c＝7.5	神奈川県(注)を想定
降雨量と有効降雨	（有効降雨）$M = a ×$（降雨量）R a＝0.9	「道路路面雨水処理マニュアル（案）」P91参照
放流孔径と設置間隔の設定	放流孔径を 5 cm（直径）とする 流量係数 C＝0.6 放流孔断面積 A＝19.6 cm² よって，最大放流量（水位が最大の時）Q_cは， 　$Q_c = 0.0370 m^3/s$ ＝ 13336 (l/h) ・・・d 10分間における最大雨量 116 (mm/h:10分当り) ・・・a 目標最大流出量比 0.3 ・・・b 対象道路幅員 10 m ・・・c 設置間隔は 　$a × b × c × L$（設置間隔:m）$\geq d$ が成り立つようにする よって，$L \geq 38.32$ m である 以上から放流孔間隔 50 m として水収支計算する	10分間における最大雨量は，降雨強度式に t=10 として算出 最大流出量比は最大流出量／最大雨量

注）降雨強度式中の定数は「雨水貯留・浸透施設要覧」（（財）経済調査会 平成16年11月）を参照

プログラム（EXCEL）中のワークシート「水収支計算」では，以下の計算結果が自動的に出力される．最大流出量比（最大流出量/最大雨量）の目標を0.3としている場合は，目標を満足する舗装断面となっている

（計算結果の1部を抜粋）

時間	ハイエトグラフ雨量	有効雨量	EXCEL計算用（水位の位置と高さ）				水位	表面流出量	流出水量
(分)	(mm/10分)	(mm/10分)	下層路盤層	上層路盤層	基層	表層	(mm)	(mm/10分)	(mm/10分)
t	R	M					h=f(V_{t-1})	M-Q-ΔV	表面流出水+管排水量
650	2.60	2.34	27.93	221.25	221.25	221.25	27.93	0.00	0.24
660	2.91	2.61	40.36	225.73	225.73	225.73	40.36	0.00	0.41
670	3.30	2.97	54.94	230.98	230.98	230.98	54.94	0.00	0.66
680	3.85	3.46	72.04	237.14	237.14	237.14	72.04	0.00	0.99
690	4.66	4.19	92.75	244.59	244.59	244.59	92.75	0.00	1.63
700	5.99	5.39	115.33	252.72	252.72	252.72	115.33	0.00	1.88
710	8.70	7.83	158.99	268.44	268.44	268.44	158.99	0.00	2.29
720	19.34	17.41	247.68	300.37	300.37	300.37	247.68	0.00	2.95
730	11.60	10.44		403.61	403.61	403.61	403.61	0.00	3.85
740	7.06	6.36			443.92 443.92	443.92	443.92	0.00	4.05
750	5.23	4.71			449.94 449.94	449.94	449.94	0.00	4.08
760	4.21	3.79			442.54 442.54	442.54	442.54	0.00	4.04
770	3.55	3.20		428.07	428.07	428.07	428.07	0.00	3.97
780	3.09	2.78		409.44	409.44	409.44	409.44	0.00	3.88
790	2.74	2.47		388.23	388.23	388.23	388.23	0.00	3.77
800	2.48	2.23		365.41	365.41	365.41	365.41	0.00	3.65
810	2.26	2.04		341.62	341.62	341.62	341.62	0.00	3.52
820	2.09	1.88	294.83	317.34	317.34	317.34	294.83	0.00	3.25
830	1.94	1.75	229.89	293.96	293.96	293.96	229.89	0.00	2.83
840	1.81	1.63	171.32	272.88	272.88	272.88	171.32	0.00	2.39
850	1.71	1.54	120.02	254.41	254.41	254.41	120.02	0.00	1.93
最大値	19.34							表面流出なし	4.08

最大流出量比（最大流出量/最大雨量）＝ 0.21　　（4.08／19.34 ＝ 0.21）

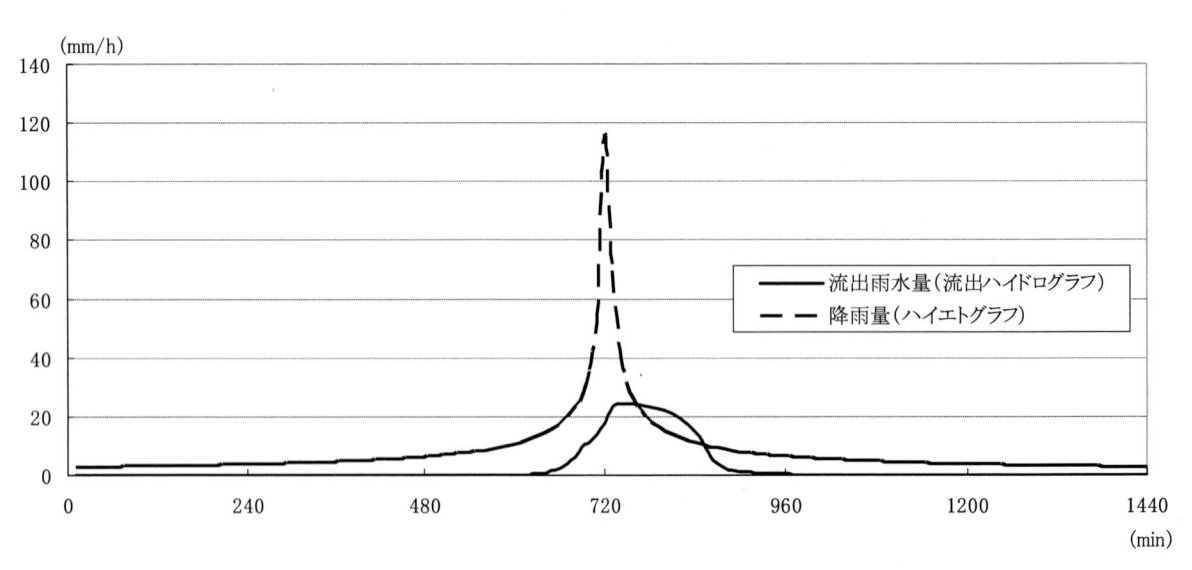

※流出雨水量＝管流出量+表面流出量

付－7

付録－2　簡便な透水設計例

　洪水の発生抑制が義務付けられる箇所で透水性舗装を適用する場合では，水収支計算により透水設計を行うが，それ以外の箇所では他の効果を期待する場合も含め，以下に示す簡便な透水設計を行っても良い．

≪透水設計例 1（路床浸透型）≫

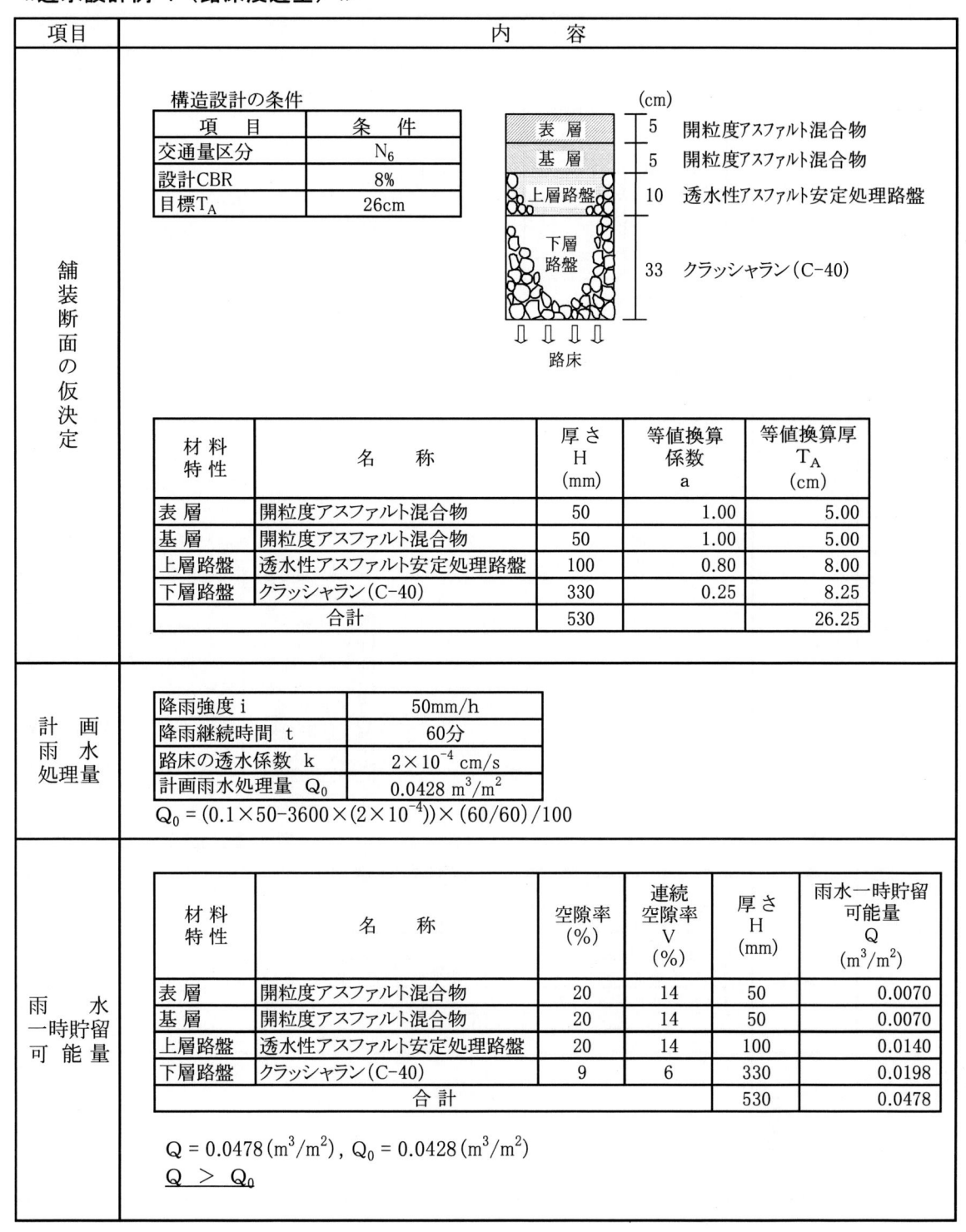

項目	内容
舗装断面の仮決定	構造設計の条件 	項　目	条　件
交通量区分	N_6
設計CBR	8%
目標T_A	26cm	 舗装構成（cm）：表層 5 開粒度アスファルト混合物／基層 5 開粒度アスファルト混合物／上層路盤 10 透水性アスファルト安定処理路盤／下層路盤 33 クラッシャラン（C-40）／路床 	材料特性	名　称	厚さ H (mm)	等値換算係数 a	等値換算厚 T_A (cm)
---	---	---	---	---
表層	開粒度アスファルト混合物	50	1.00	5.00
基層	開粒度アスファルト混合物	50	1.00	5.00
上層路盤	透水性アスファルト安定処理路盤	100	0.80	8.00
下層路盤	クラッシャラン（C-40）	330	0.25	8.25
合計		530		26.25	
計画雨水処理量		降雨強度 i	50mm/h
降雨継続時間 t	60分
路床の透水係数 k	2×10^{-4} cm/s
計画雨水処理量 Q_0	0.0428 m³/m² | $Q_0 = (0.1 \times 50 - 3600 \times (2 \times 10^{-4})) \times (60/60)/100$
雨水一時貯留可能量		材料特性	名　称	空隙率 (%)	連続空隙率 V (%)	厚さ H (mm)	雨水一時貯留可能量 Q (m³/m²)
---	---	---	---	---	---
表層	開粒度アスファルト混合物	20	14	50	0.0070
基層	開粒度アスファルト混合物	20	14	50	0.0070
上層路盤	透水性アスファルト安定処理路盤	20	14	100	0.0140
下層路盤	クラッシャラン（C-40）	9	6	330	0.0198
合計				530	0.0478	 $Q = 0.0478 \, (m^3/m^2)$，$Q_0 = 0.0428 \, (m^3/m^2)$ $Q > Q_0$

≪透水設計例 2（一時貯留型）≫

項目	内 容
舗装断面の仮決定	**構造設計の条件** 	項　目	条　件
交通量区分	N_6
設計CBR	8%
目標T_A	26cm | | 材料特性	空隙率 (%)	連続空隙率 V (%)
---	---	---
表層	20	14
基層	20	14
上層路盤	20	14
下層路盤	8	5	 **（断面1）** 表層 5cm 開粒度アスファルト混合物／基層 5cm 開粒度アスファルト混合物／上層路盤 10cm 透水性アスファルト安定処理路盤／下層路盤 33cm クラッシャラン(C-40)／路床(不浸透)　$T_A = 26.50$cm　$H = 53$cm **（断面2）** 表層 5cm 開粒度アスファルト混合物／基層 5cm 開粒度アスファルト混合物／上層路盤 10cm 透水性アスファルト安定処理路盤／下層路盤 45cm クラッシャラン(C-40)／路床(不浸透)　$T_A = 29.25$cm　$H = 65$cm **（断面3）** 表層 5cm 開粒度アスファルト混合物／中間層 5cm 開粒度アスファルト混合物／基層 5cm 開粒度アスファルト混合物／上層路盤 10cm 透水性アスファルト安定処理路盤／下層路盤 33cm クラッシャラン(C-40)／路床(不浸透)　$T_A = 31.25$cm　$H = 58$cm
計画雨水処理量		降雨強度 i	50mm/h
降雨継続時間 t	60分
路床の透水係数 k	不透水
計画雨水処理量 Q_0	0.0500 m³/m² | $Q_0 = (0.1 \times 50) \times (60/60)/100$
雨水一時貯留可能量	断面1： $Q = 0.0445 \, (m^3/m^2)$　$Q < Q_0$ 断面2： $Q = 0.0505 \, (m^3/m^2)$　$\underline{Q > Q_0}$ 断面3： $Q = 0.0515 \, (m^3/m^2)$　$\underline{Q > Q_0}$

≪透水設計例 3（一時貯留型）≫

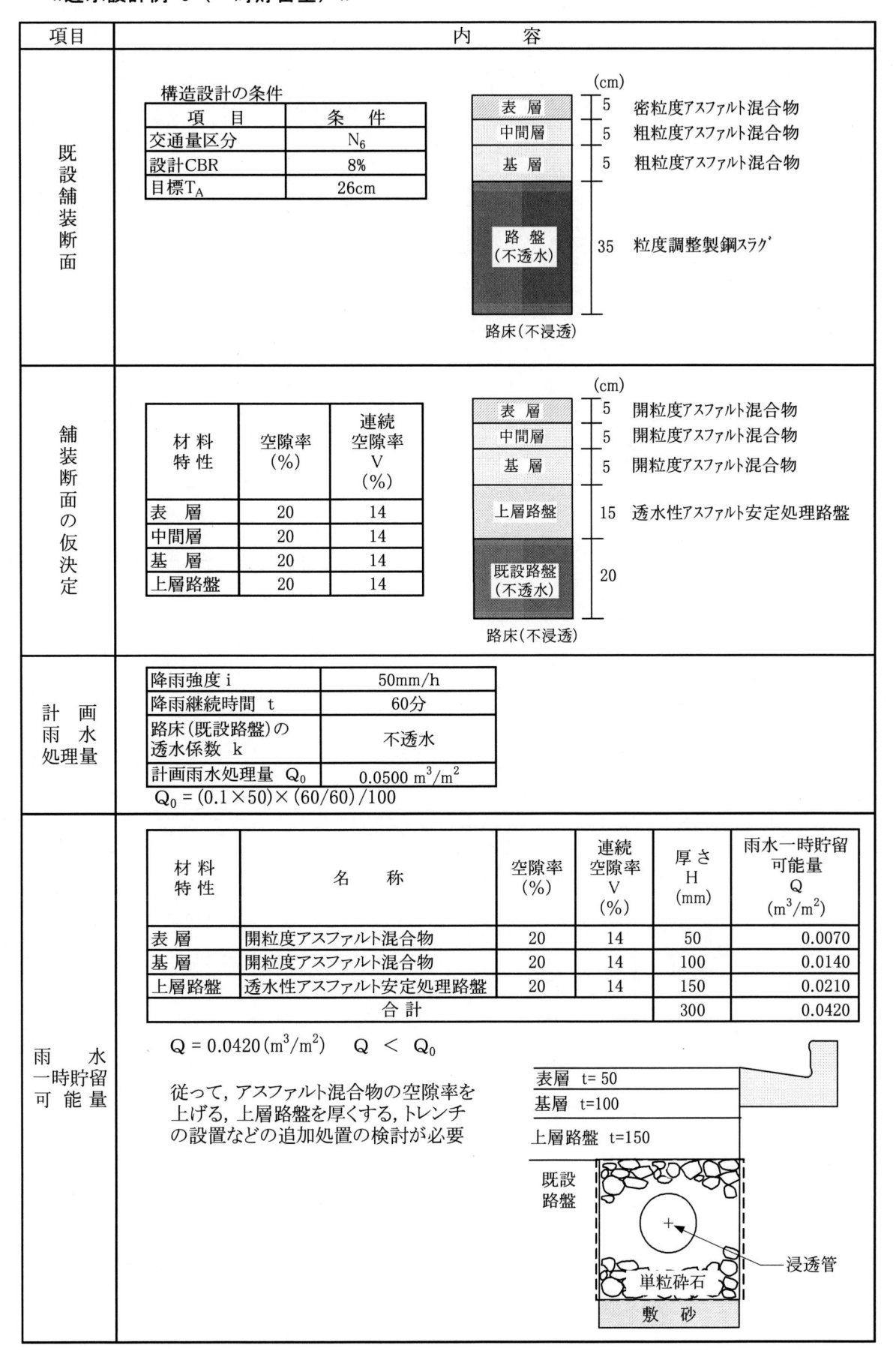

項目	内容
既設舗装断面	**構造設計の条件** 	項目	条件
交通量区分	N_6
設計CBR	8%
目標T_A	26cm | (cm) 表層 5 密粒度アスファルト混合物 中間層 5 粗粒度アスファルト混合物 基層 5 粗粒度アスファルト混合物 路盤（不透水） 35 粒度調整製鋼スラグ 路床(不浸透)
舗装断面の仮決定		材料特性	空隙率(%)	連続空隙率 V (%)
---	---	---
表層	20	14
中間層	20	14
基層	20	14
上層路盤	20	14	 (cm) 表層 5 開粒度アスファルト混合物 中間層 5 開粒度アスファルト混合物 基層 5 開粒度アスファルト混合物 上層路盤 15 透水性アスファルト安定処理路盤 既設路盤（不透水） 20 路床(不浸透)
計画雨水処理量		降雨強度 i	50mm/h
降雨継続時間 t	60分
路床（既設路盤）の透水係数 k	不透水
計画雨水処理量 Q_0	0.0500 m³/m² | $Q_0 = (0.1 \times 50) \times (60/60)/100$
雨水一時貯留可能量		材料特性	名称	空隙率(%)	連続空隙率 V (%)	厚さ H (mm)	雨水一時貯留可能量 Q (m³/m²)
---	---	---	---	---	---
表層	開粒度アスファルト混合物	20	14	50	0.0070
基層	開粒度アスファルト混合物	20	14	100	0.0140
上層路盤	透水性アスファルト安定処理路盤	20	14	150	0.0210
合計				300	0.0420	 $Q = 0.0420 \text{ (m}^3/\text{m}^2\text{)} \quad Q < Q_0$ 従って，アスファルト混合物の空隙率を上げる，上層路盤を厚くする，トレンチの設置などの追加処置の検討が必要 表層 t=50 基層 t=100 上層路盤 t=150 既設路盤／単粒砕石／浸透管／敷砂

付録-3　関連図書(1)

既存資料名	目的	適用範囲	対象施設
防災調節池等技術基準(案) 解説と設計事例 (社)日本河川協会 昭和63年1月	宅地開発等に伴い，恒久的な施設として，堤高の低いダム(高さ15m未満)による調整池を築造する場合の基準とする	防災調節池の対象とする流域に設置される貯留・浸透施設が，良好な維持管理が担保され流出抑制機能の継続が確保できる場合には，防災調整池と併用して計画することができる 貯留・浸透施設の設置場所は，公園・緑地・校庭・集合住宅の棟間等の公共公益施設用地等となる	流出抑制施設 ─┬─ 貯留型施設 ─┬─ オフサイト貯留 　　　　　　　│　　　　　　　└─ オンサイト貯留 ─── 流域貯留施設 　　　　　　　└─ 浸透型施設 ─┬─ 浸透法(拡水法) ─── 浸透トレンチ／浸透側溝／浸透桝／透水性舗装／浸透池 　　　　　　　　　　　　　　　└─ 井戸法 ─── 湿式井戸／乾式井戸 ［□］：調整池との併用の対象
増補 流域貯留施設等技術指針(案) 建設省河川局 都市河川室　監修 (社)日本河川協会 平成5年5月	学校・公園等の利用目的を有する公共・公益施設等への降雨を，一時的に貯留あるいは浸透させることにより，流出を抑制し，下流河川に対する洪水負担の軽減を目的として設置する流域貯留施設等の計画設計に係わる技術的事項についての一般原則を示す	流域貯留浸透事業に適用するほか，校庭・公園・広場等の公共及び公益施設用地，集合住宅の棟間・駐車場等に貯留・浸透機能を有する施設を設置する場合での計画設計に適用	流出抑制施設 ─┬─ 貯留型 ─┬─ オフサイト貯留 　　　　　　　│　　　　　└─ オンサイト貯留 ─── 流域貯留施設 　　　　　　　└─ 浸透型 ─┬─ 浸透法(拡水法) ─── 浸透トレンチ／浸透側溝／浸透桝／浸透舗装 　　　　　　　　　　　　　└─ 井戸法 ［□］：本指針で対象とする施設
雨水浸透施設技術指針[案] 調査・計画編 (社)雨水貯留浸透技術協会 平成7年9月	都市化により低下した流域の保水機能を回復させるために設置する浸透施設の設置に係わる技術的事項のうち，調査・計画に関する一般的な原則を示す 流域貯留施設等技術指針(案)を補足・充実，各分野の技術指針を補う	ある地区に降った雨水をその地区内で浸透処理する施設のうち，地表近くの不飽和帯を通して浸透させるものに適用	浸透型施設 ─┬─ 拡水法 ─── 浸透ます／道路浸透ます／浸透トレンチ／浸透側溝／透水性舗装／浸透池／砕石空隙貯留浸透施設 　　　　　└─ 井戸法 ─┬─ 乾式井戸 　　　　　　　　　　　 └─ 湿式井戸 ［□］：本指針で対象とする施設
雨水浸透施設技術指針[案] 構造・施工 維持管理編 (社)雨水貯留浸透技術協会 平成9年4月	都市化により低下した流域の保水機能を回復させるために設置する浸透施設の設置に係わる技術的事項のうち，施設の構造と施工および維持管理に関する一般的な原則を示す	拡水法による浸透施設に適用	浸透施設 ─┬─ 拡水法 ─── 浸透ます／浸透トレンチ／浸透側溝／透水性舗装／道路浸透ます／空隙貯留浸透施設／浸透池 　　　　　└─ 井戸法 ─┬─ 乾式井戸 　　　　　　　　　　 └─ 湿式井戸 ［□］：本指針で対象とする浸透施設

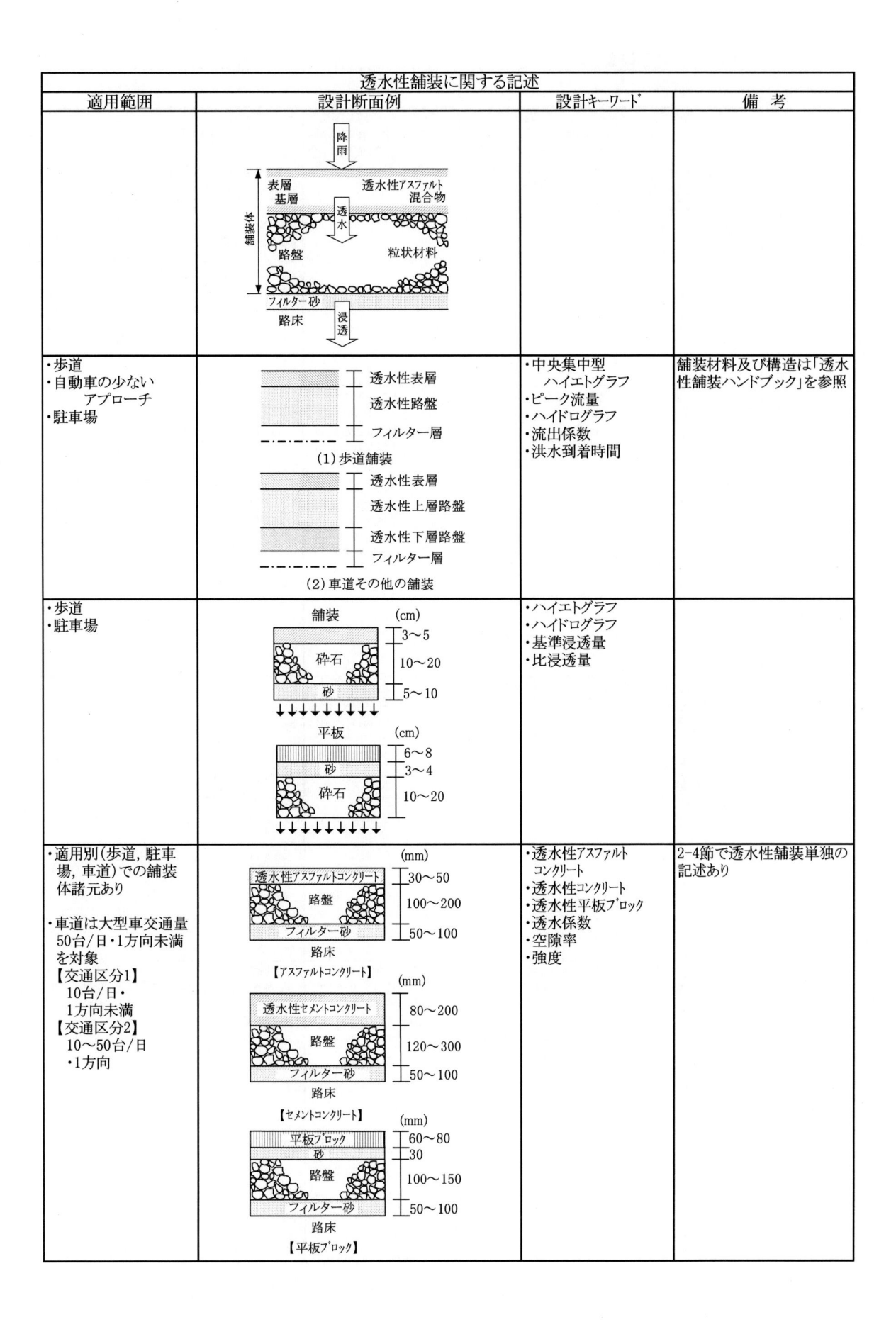

透水性舗装に関する記述			
適用範囲	設計断面例	設計キーワード	備考
	降雨→表層・基層（透水性アスファルト混合物）／路盤（粒状材料）／フィルター砂／路床→浸透		
・歩道 ・自動車の少ないアプローチ ・駐車場	(1) 歩道舗装：透水性表層／透水性路盤／フィルター層 (2) 車道その他の舗装：透水性表層／透水性上層路盤／透水性下層路盤／フィルター層	・中央集中型ハイエトグラフ ・ピーク流量 ・ハイドログラフ ・流出係数 ・洪水到着時間	舗装材料及び構造は「透水性舗装ハンドブック」を参照
・歩道 ・駐車場	舗装 (cm)：3～5／砕石 10～20／砂 5～10 平板 (cm)：6～8／砂 3～4／砕石 10～20	・ハイエトグラフ ・ハイドログラフ ・基準浸透量 ・比浸透量	
・適用別（歩道，駐車場，車道）での舗装体諸元あり ・車道は大型車交通量50台/日・1方向未満を対象 【交通区分1】 10台/日・1方向未満 【交通区分2】 10～50台/日・1方向	【アスファルトコンクリート】(mm)：透水性アスファルトコンクリート 30～50／路盤 100～200／フィルター砂 50～100／路床 【セメントコンクリート】(mm)：透水性セメントコンクリート 80～200／路盤 120～300／フィルター砂 50～100／路床 【平板ブロック】(mm)：平板ブロック 60～80／砂 30／路盤 100～150／フィルター砂 50～100／路床	・透水性アスファルトコンクリート ・透水性コンクリート ・透水性平板ブロック ・透水係数 ・空隙率 ・強度	2-4節で透水性舗装単独の記述あり

付録-3　関連図書(2)

既存資料名	目　的	適用範囲	対象施設
透水性舗装ハンドブック (社)日本道路建設業協会　編著 山海堂 昭和54年10月	加熱混合式工法による表層をもったアスファルト舗装を対象に，透水性舗装に関する設計・材料・施工に関して整理	歩道を中心に生活道路等の軽交通を許す車道及び駐車場等の構内舗装に適用	透水性舗装 (1)歩道：表層 3〜4cm、路盤10cmを標準 (2)車道その他の舗装 舗装厚の目安　　　　　　　　　　　(cm) | 交通区分＼設計CBR	1.5〜2.0	2.1〜3.0	3.1〜5.0	5.1〜7.0	7.1〜10.0	10以上
---	---	---	---	---	---	---
1	40	30	23	18	15	10
2	50	40	30	25	20	15	 舗装厚(車道その他の舗装)の算出式 $$H = (0.1i - 3600q)\frac{100t}{60V}$$
よくわかる透水性舗装 水と舗装を考える会　編著 山海堂 1997年7月	透水性舗装の具体的な設計・施工事例などをとりまとめ，水と舗装の関わりを整理	耐久性が懸念されるとの問題から，荷重条件の緩やかな箇所である歩道者系道路に多く適用	透水性舗装 ・歩行者系 　歩道Ⅰ：歩道・自転車道 　歩道Ⅱ：管理用車両の通過あり ・車道系 　車道Ⅰ：大型車交通量10台未満 　車道Ⅱ：大型車交通量10台以上55台未満 　車道Ⅲ：L交通程度 ・スポーツ系 　スポーツⅠ：クレイ系(混合土，人工土，天然芝) 　スポーツⅡ：全天候系(人工芝系，ゴムチップ系)
車道用透水性舗装の手引き 新潟市道路協議会 平成11年4月	車道透水性舗装を新潟市の管理する道路全般まで適用拡大を図ることを目的に，設計・施工の基本的な考え方および標準を示す	新潟市の携わる私道から，管理する市道幹線道路までの車道を対象	透水性舗装 (1)路床条件 　・設計CBR≧8の砂地盤に適用 　　(透水係数 1×10^{-2} 以上) 　・地下水位が現況の地表面より1.5m以深 (2)施工時期 　・表層の施工は原則として4〜11月頃の温暖期 舗装厚の算出式 $$H = (0.1i - 3600q)\frac{t}{60\cdot fs\cdot(V/100)}$$ 　fs：舗装の全空隙に対して雨水が実際に入る空隙の比
舗装設計施工指針 (社)日本道路協会 平成18年2月	平成13年に発刊された「舗装設計施工指針」に対して，道路構造令の改正や特定都市河川浸水被害対策法など，刊行後の新たな動向への対応を図った	適用する舗装はアスファルト舗装とコンクリート舗装に限定することなく，全ての舗装を対象とする	透水性舗装 　透水性舗装は，降雨を表層，基層，路盤を通して，構築路床，路床(現地盤)に浸透させることができるような舗装構造としたもの 舗装厚の算出式 $$H = (0.1I - 3600q)\frac{100t}{60V}$$ 　H：舗装厚 (cm) 　V：舗装の平均空隙率 (%) 　q：路床の平均浸透速度 (cm/s) 　I：降雨強度 (mm/h) 　t：降雨継続時間 (min)

透水性舗装に関する記述			
適用範囲	設計断面例	設計キーワード	備考
・車道その他の舗装は大型車交通量55台/日・1方向未満を対象 【交通区分1】 　10台/日・ 　1方向未満 【交通区分2】 　10～55台/日・ 　1方向	(1) 歩道舗装：透水性表層／透水性路盤／フィルター層 (2) 車道その他の舗装：透水性表層／透水性上層路盤／透水性下層路盤／フィルター層	・平均空隙率 ・路床の平均浸透速度 ・降雨強度 ・降雨継続時間	プライムコート, タックコートは行わない
・歩行者系 　街路等の歩道 　遊歩道 　駅前・公園広場のオープンスペース ・車道系 　駐車場 　歩車共存道路 ・スポーツ系 　グラウンド 　テニスコート 　走路・球技場	【車道Ⅰ,Ⅱ】(cm) 表層(透水性アスコン) 4～5 透水性上層路盤 7～12 透水性下層路盤 7 (フィルター砂) (10～15) 路床 【車道Ⅲ】(cm) 表層(透水性アスコン) 5～10 透水性上層路盤 10～20 透水性下層路盤 10～ (フィルター砂) (10～15) 路床	・表面溢流量	プライムコートは施工しない
・私道 　10台未満/日・ 　1方向 ・市道【幹線道】 　250台以上 　/日・1方向 ・市道【一般道】 　100台以上 　250台未満 　/日・1方向 ・市道【生活道】 　100台未満 　/日・1方向	【市道(幹線道路): A断面】(cm) 透水性表層(13) 5 透水性基層(20) 5 透水性上層路盤(APTM) 8 路盤(C-40) 20 路床(CBR≧8) H=38cm TA=19.4 APTM:透水性アスファルト処理路盤 (Asphalt Treated Permeabie Material)	・平均空隙率 ・路床の平均浸透速度 ・降雨強度 ・降雨継続時間	プライムコート及びタックコートの接着層は設けない
「特定都市河川浸水被害対策法」にもとづき雨水流出抑制対策として透水性舗装を検討する場合は,「道路路面雨水処理マニュアル(案)」(独立行政法人 土木研究所資料 第3971号, 平成17年6月)を参照する		・平均空隙率 ・路床の平均浸透速度 ・降雨強度 ・降雨継続時間 ・表面溢流量 ・ハイドログラフ	路面の横断勾配は1.5～2.0%を標準とする 縦断勾配は施工限界等から8%程度以下とする 施工上は,雨水の浸透を妨げないようにプライムコートやタックコートを施さない

付録-3　関連図書(3)

既存資料名	目的	適用範囲	対象施設
舗装設計便覧 (社)日本道路協会 平成18年2月	「舗装設計施工指針」に記述された舗装の設計に関して，より具体的な設計条件の設定方法，路面設計方法，構造設計方法を示す技術参考書	一般的なアスファルト舗装やコンクリート舗装だけでなく，ブロック系舗装や透水性舗装，新材料・新工法などを用いた舗装，橋面やトンネル等の特別な処置が必要な舗装など多岐にわたる	透水性舗装 　透水性を有する材料を使用して，雨水を表層から基層，路盤に浸透させる構造とした舗装 　路盤に浸透した雨水の処理方法は，雨水を路床に浸透させる構造(路床浸透型)と雨水流出を遅延させる構造(一時貯留型)に大別される 　透水性舗装には，アスファルト系，コンクリート系，コンポジット系，ブロック系の舗装などがある
道路路面雨水処理マニュアル(案) 独立行政法人 土木研究所　編著 山海堂 2005年12月	特定都市河川浸水被害対策法に基づき，特定都市河川流域に指定された区域において，「雨水浸透阻害行為」に該当する道路・街路を建設する場合には，雨水流出抑制対策が必要となる こうした目的で車道において透水性舗装および浸透・貯留施設を設置する場合の技術的な対応方針を示す	特定都市河川流域に指定された区域での車道設計・施工に係る知見が得られたアスファルトコンクリート舗装を対象	透水性舗装 　雨水を路面下に浸透させる舗装のうち，表基層，路盤に一時的に貯留して流出雨水量をコントロールして排水する，または雨水を路床や現地盤に浸透させることにより，雨水の最大流出量を抑制する舗装 路面雨水処理施設 ├ 透水性舗装 ─ 一時貯留型／路床浸透型 ├ 浸透施設 ─ 拡水法／浸透ます／道路浸透ます／浸透トレンチ／浸透側溝 └ 貯留施設 ─ 地表面貯留／地下貯留
構内舗装・排水設計基準 国土交通省 大臣官房官庁営繕部建築課監修 (社)公共建築協会 平成13年4月	国家機関の建築物及びその附帯施設の構内舗装及び構内排水に関する基本的な事項を定めるとともに，施設の維持管理について定め，官庁施設として必要な性能の確保を図る	官庁施設の構内舗装及び構内排水に適用	施設区分 ・一般庁舎(単独庁舎，合同庁舎，研究所等) 　年平均大型車交通量 1台/日以下 ・特殊庁舎(警察学校，自動車検査登録事務所等) 　年平均大型車交通量 約33台/日 路床土の分類 |分類|土粒子の大きさによる分類|含水状態による分類|特徴の概要| |---|---|---|---| |Ⅰ|砂質土|少ない|大部分が砂分(2.36mm～75μmの範囲)で構成される土| |Ⅱ|粘性土|比較的少ない|砂分が少なく，細粒土(75μm以下が50%以上)が多い土| |Ⅲ|粘性土|多い|塑性の大きい火山灰質粘性土や有機質土で構成される土|
インターロッキングブロック舗装設計施工要領 (社)インターロッキングブロック舗装技術協会 平成12年7月	インターロッキングブロック舗装の設計施工の標準を示す	車道(大型車交通量が2000台/日・方向を下回る箇所)，駐車場，歩道に適用する	

付-15

透水性舗装に関する記述

適用範囲	設計断面例	設計キーワード	備考
「特定都市河川浸水被害対策法」にもとづき雨水流出抑制対策として透水性舗装を検討する場合は、「道路路面雨水処理マニュアル(案)」(独立行政法人 土木研究所資料 第3971号,平成17年6月)を参照する	【歩道での構造例】 表層 開粒度アスファルト混合物 3～4cm 路盤 粒状材料 10cm フィルター層(砂) 5～10cm 路床	・表面溢流量 ・降雨強度 ・浸透性能 ・水収支計算 ・ハイドログラフ ・最大流出雨水量 ・雨水流出抑制性能	路面の横断勾配は1.5～2.0%を標準とする 縦断勾配は施工限界等から8%程度以下とする
車道	表層／中間層・基層／上層路盤／下層路盤／路床 透水性舗装単独で雨水処理をする場合 使用材料 / 厚さ(cm) 路床が砂質土 / 路床が粘性土 表層 開粒度アスファルト混合物 5 / 5 中間層・基層 開粒度アスファルト混合物 10 / 10 上層路盤 透水性安定処理 15 / 15 下層路盤 クラッシャラン(C-40) 40 / 40 増し厚分 クラッシャラン(C-40) － / 35 フィルター層 ジオテキスタイル － / － 合計 70 / 105	・中央集中型ハイエトグラフ ・有効雨量 ・飽和透水係数 ・比浸透量 ・水拘束率 ・貯留量 ・ハイドログラフ	路床が粘性系で路床下への浸透で対応する場合は、耐久性の観点から舗装厚の割増を行う タックコートは原則として塗布しない ただし、基層で一旦交通開放する等の場合は0.4l/m²以下で散布する プライムコートは原則として塗布しない ただし、雨水浸食等で下層路盤の強度低下が懸念される場合は、高浸透性のものを使用する
車道で透水性舗装を採用する場合は、当面凍結の恐れがない一般地域でも、路床土の分類がⅠ・Ⅱの一般庁舎で、しかも大型車の進入が避けられる箇所とする	【車道】(cm) 表層 5 路盤 15 フィルター層 15 路床 【歩道】(cm) 表層 3 路盤 10 フィルター層 5 路床		プライムコート、タックコートは行わない
透水性インターロッキングブロックは駐車場、歩道で使用する	(mm) 透水シート 透水性インターロッキングブロック 60(80) サンドクッション 30 クラッシャラン(C-30またはC-20) 100(150) フィルター層 50 路床 【歩道】 ( )内の寸法は、管理用車両等の通行する場合		

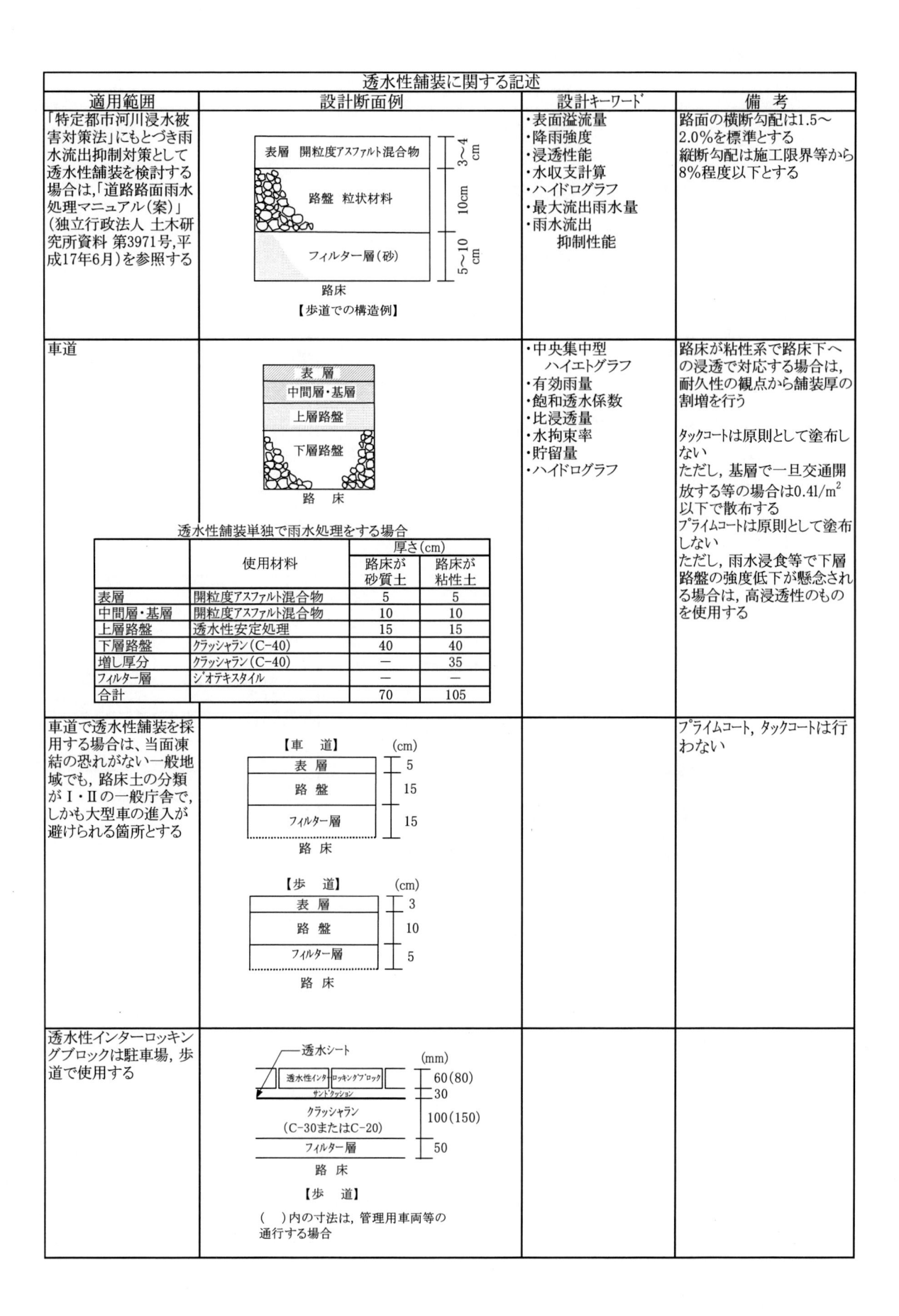

付－16

付録-4 施工断面例

透水性舗装の施工断面例を以下に示す。

(1) 透水性アスファルト舗装の例

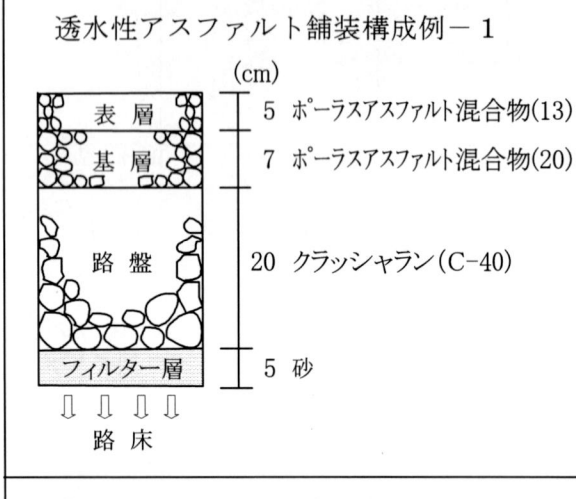

透水性アスファルト舗装構成例-1

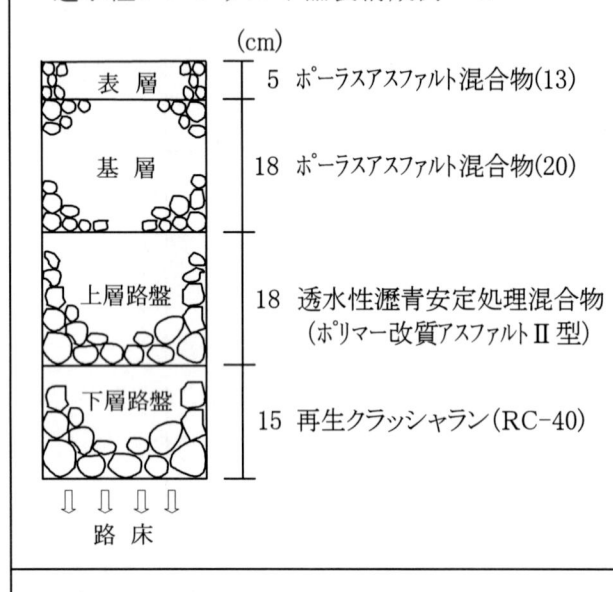

層	厚さ(cm)	材料
表層	5	ポーラスアスファルト混合物(13)
基層	7	ポーラスアスファルト混合物(20)
路盤	20	クラッシャラン(C-40)
フィルター層	5	砂
路床		

設計条件

項目	条件
設計期間	10年
交通量区分	N_5
浸透水量	1,000ml/15s
設計CBR	12%

注)左記の断面は,当ガイドブックに示す設計方法とは一部異なる

透水性アスファルト舗装構成例-2

層	厚さ(cm)	材料
表層	5	ポーラスアスファルト混合物(13)
基層	18	ポーラスアスファルト混合物(20)
上層路盤	18	透水性瀝青安定処理混合物(ポリマー改質アスファルトⅡ型)
下層路盤	15	再生クラッシャラン(RC-40)
路床		

設計条件

項目	条件
設計期間	10年
交通量区分	N_7
浸透水量	1,000ml/15s
設計CBR	4%
計画雨水処理量	600m^3/ha

注)左記の断面は,当ガイドブックに示す設計方法とは一部異なる

透水性アスファルト舗装構成例-3

層	厚さ(cm)	材料
表層	3	ポーラスアスファルト混合物(8)
基層	12	ポーラスアスファルト混合物(20)
上層路盤	10	透水性瀝青安定処理混合物(25)(ポリマー改質アスファルトⅡ型)
下層路盤	15	再生クラッシャラン(RC-30)
路床		

設計条件

項目	条件
設計期間	10年
交通量区分	N_7
浸透水量	1,000ml/15s
設計CBR	20%

注)左記の断面は,当ガイドブックに示す設計方法とは一部異なる

透水性アスファルト舗装構成例－4

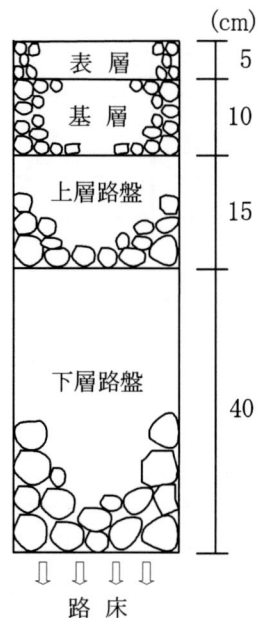

層	厚さ(cm)	材料
表層	5	ポーラスアスファルト混合物(13)
基層	10	ポーラスアスファルト混合物(20)
上層路盤	10	透水性瀝青安定処理混合物(ポリマー改質アスファルトⅡ型)
下層路盤	30	クラッシャラン(C-40)

↓↓↓↓ 路床

設計条件

項　目	条　件
設計期間	10年
交通量区分	N_7
浸透水量	1,000ml/15s
設計CBR	12%

注）左記の断面は，当ガイドブックに示す設計方法とは一部異なる

透水性アスファルト舗装構成例－5

層	厚さ(cm)	材料
表層	5	ポーラスアスファルト混合物(13)
基層	10	ポーラスアスファルト混合物(20)
上層路盤	15	透水性瀝青安定処理混合物(ポリマー改質アスファルトⅡ型)
下層路盤	40	クラッシャラン(C-40)

↓↓↓↓ 路床

設計条件

項　目	条　件
設計期間	20年
交通量区分	N_6
浸透水量	1,000ml/15s
設計CBR	8%

注）左記の断面は，当ガイドブックに示す設計方法とは一部異なる

（2）透水性コンクリート舗装の例

透水性コンクリート舗装構成例－1

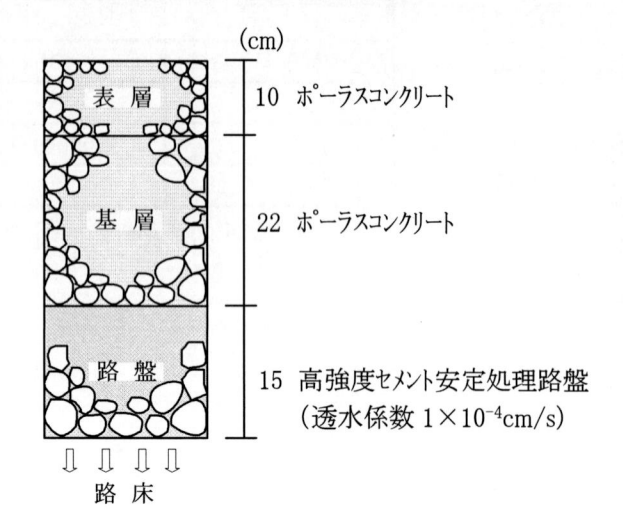

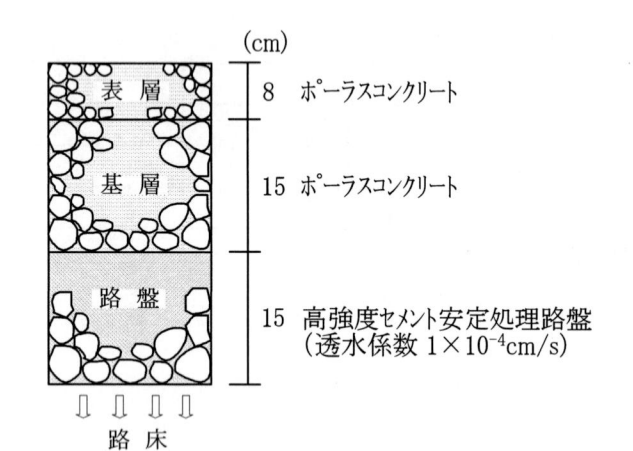

層	厚さ(cm)	材料
表層	10	ポーラスコンクリート
基層	22	ポーラスコンクリート
路盤	15	高強度セメント安定処理路盤（透水係数 1×10^{-4} cm/s）

路床

設計条件

項　目	条　件
設計期間	20年
交通量区分	N_7
浸透水量	900ml/15s
設計CBR	4%
ポーラスコンクリート設計強度	4.41N/m²

注）左記の断面は,当ガイドブックに示す設計方法とは一部異なる

透水性コンクリート舗装構成例－2

層	厚さ(cm)	材料
表層	8	ポーラスコンクリート
基層	15	ポーラスコンクリート
路盤	15	高強度セメント安定処理路盤（透水係数 1×10^{-4} cm/s）

路床

設計条件

項　目	条　件
設計期間	20年
交通量区分	N_5
設計CBR	6%
ポーラスコンクリート設計強度	4.41N/m²

注）左記の断面は,当ガイドブックに示す設計方法とは一部異なる

（3）透水性ブロック舗装の例

透水性インターロッキングブロック舗装構成例－1

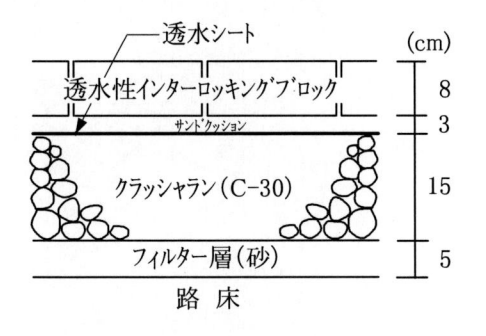

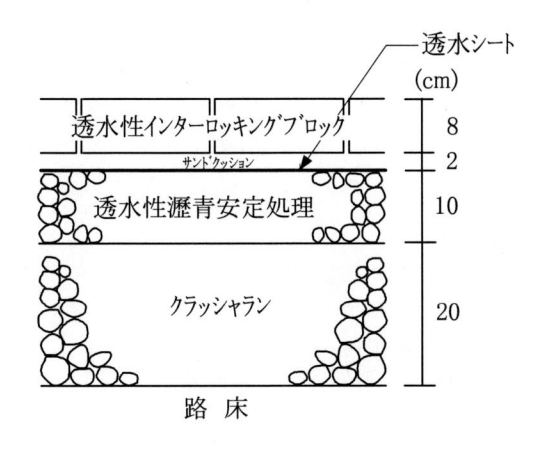

層構成（cm）:
- 透水性インターロッキングブロック：8
- サンドクッション：3
- クラッシャラン（C-30）：15
- フィルター層（砂）：5
- 路床
- 透水シート

設計条件

項　目	条　件
適用箇所	歩行者系道路
交通荷重	歩行者や自転車以外に，最大積載量39kN（4t）以下の管理用車両，限定された一般車両が通行

注）インターロッキングブロック舗装設計施工要領（社団法人 インターロッキンクブロック舗装技術協会，平成12年7月）参照

透水性インターロッキングブロック舗装構成例－2

層構成（cm）:
- 透水性インターロッキングブロック：8
- サンドクッション：2
- 透水性瀝青安定処理：10
- クラッシャラン：20
- 路床
- 透水シート

設計条件

項　目	条　件
適用箇所	大型車主体の駐車場
等値換算厚 T_A	21cm

注）インターロッキングブロック舗装設計施工要領（社団法人 インターロッキンクブロック舗装技術協会，平成12年7月）参照

付録－5　モニタリングの事例

1. 表面溢流量の測定例

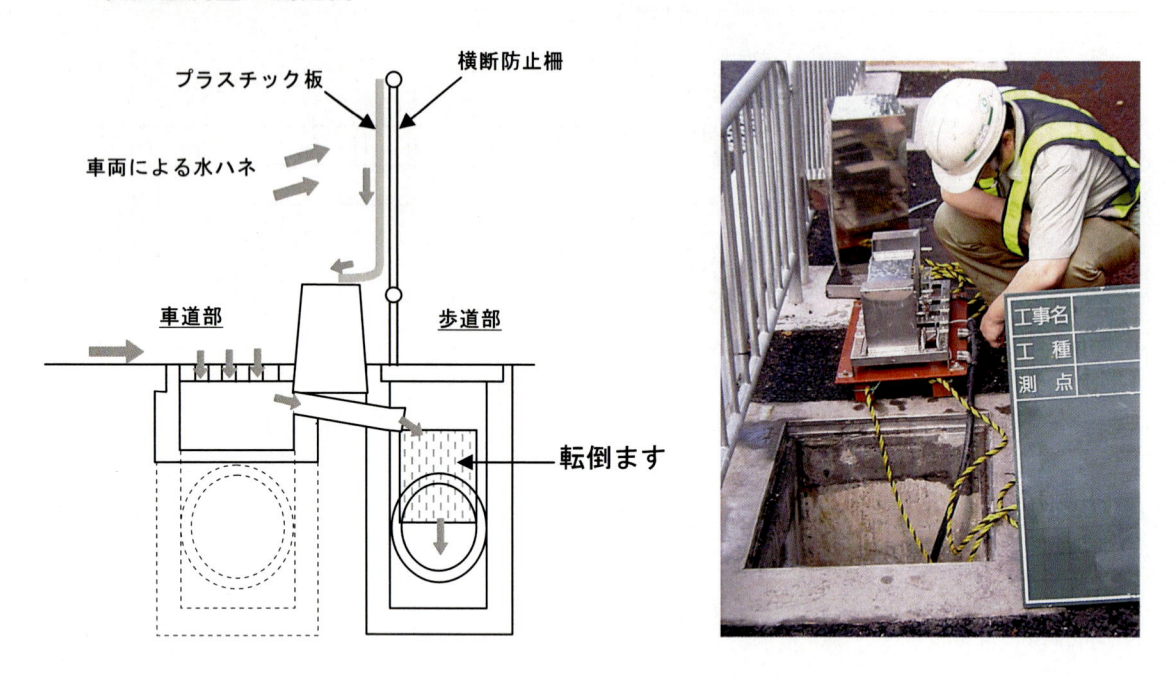

付図－5.1　表面溢流量の測定例

2. 路床面到達水量の測定例

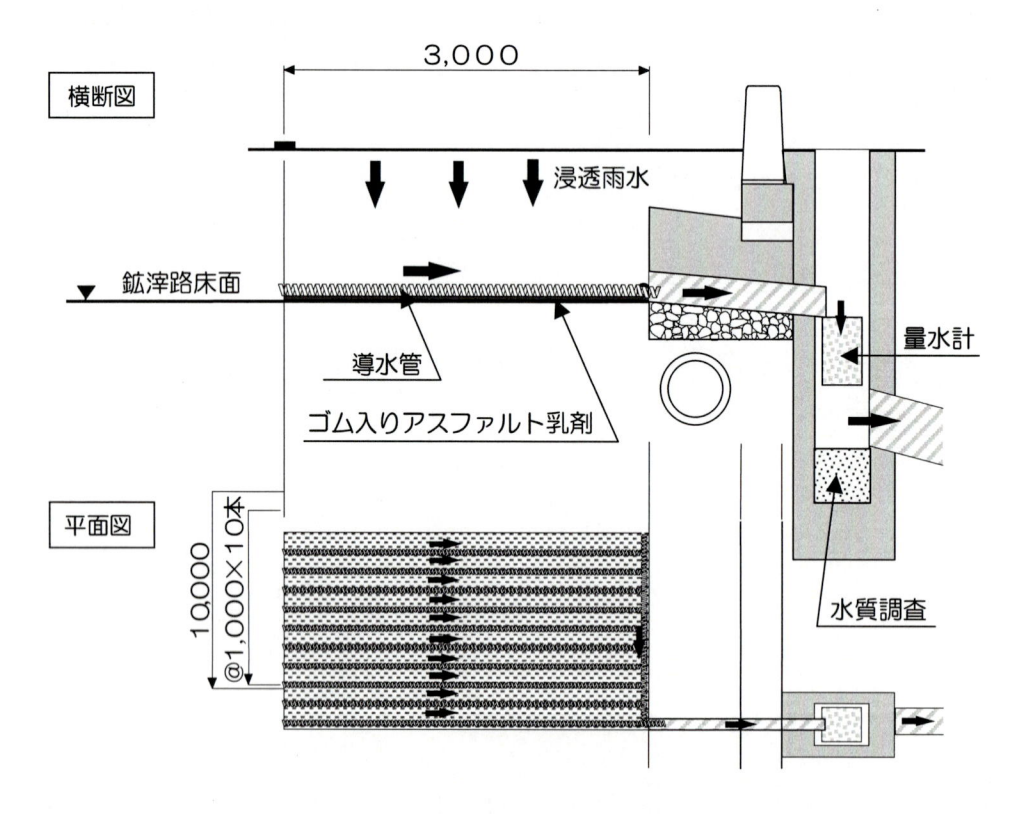

付図－5.2　路床面到達水量の測定例　　【単位：mm】

3．舗装体温度、水分量測定例

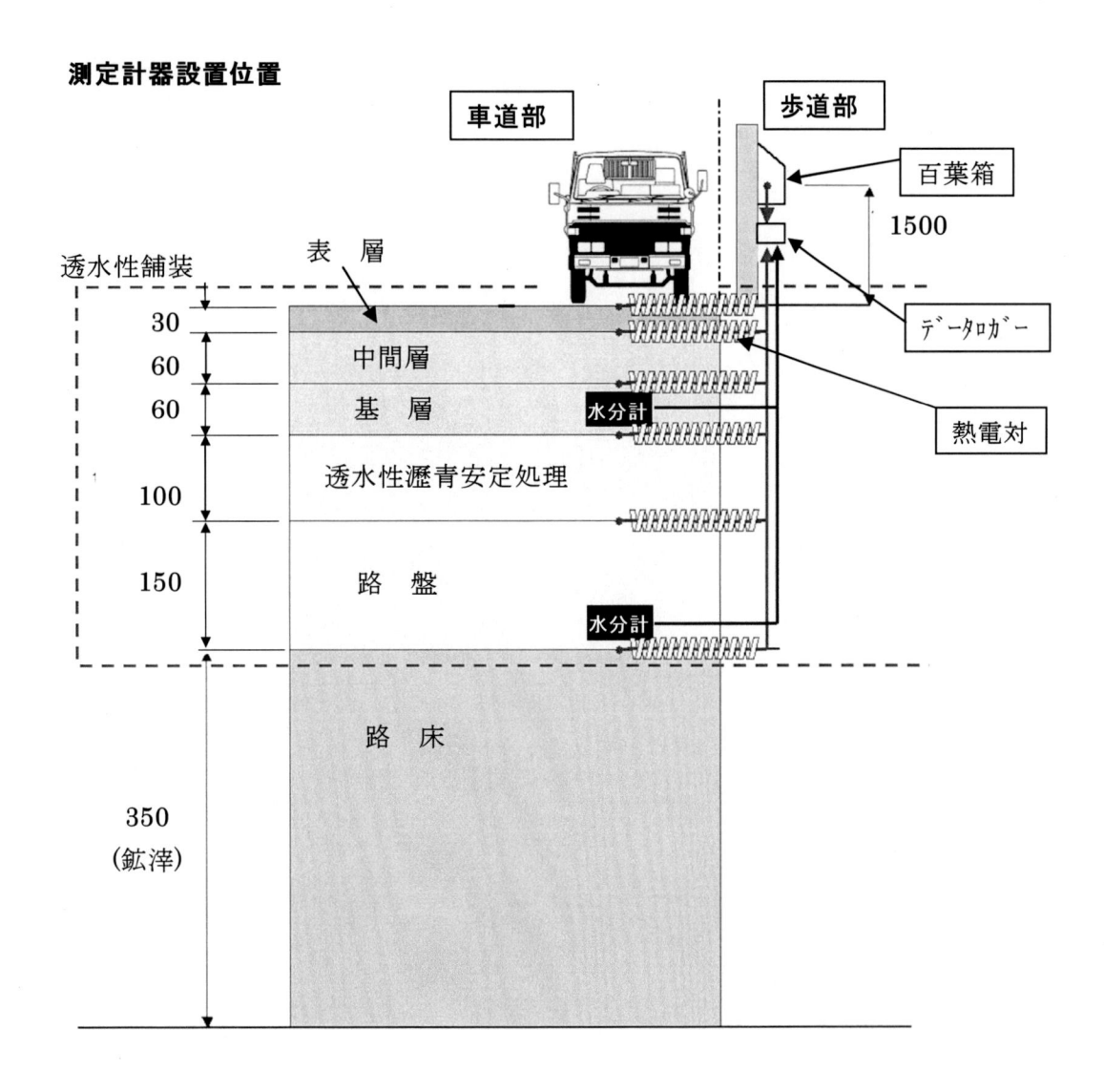

測定計器設置位置

付図－5.3 舗装体温度，水分量

透水性舗装ガイドブック　2007	
平成19年　3月20日　初版第1刷発行	
令和5年　8月25日　　　　第7刷発行	
	編　集
	発行所　公益社団法人 日本道路協会
	東京都千代田区霞が関3-3-1
	印刷所　大 光 社 印 刷 株 式 会 社
	発売所　丸 善 出 版 株 式 会 社
	東京都千代田区神田神保町2-17

ISBN978-4-88950-326-5　C2051

日本道路協会出版図書案内

	図書名	ページ	本体価格	発行年
	交通工学			
	クロソイドポケットブック（改訂版）	369	3,000円	S49. 8
	自転車道等の設計基準解説	73	1,200	S49.10
	立体横断施設技術基準・同解説	98	1,900	S54. 1
	道路照明施設設置基準・同解説（改訂版）	213	5,000	H19.10
新刊	附属物（標識・照明）点検必携 ～標識・照明施設の点検に関する参考資料～	212	2,000	H29. 7
	視線誘導標設置基準・同解説	74	2,100	S59.10
改訂	道路緑化技術基準・同解説	84	6,000	H28. 3
	道路の交通容量	169	2,700	S59. 9
	道路反射鏡設置指針	74	1,500	S55.12
	視覚障害者誘導用ブロック設置指針・同解説	48	1,000	S60. 9
	駐車場設計・施工指針同解説	289	7,700	H 4.11
改訂	道路構造令の解説と運用	704	8,000	H27. 6
改訂	防護柵の設置基準・同解説（改訂版）	181	3,000	H28.12
	車両用防護柵標準仕様・同解説（改訂版）	153	2,000	H16. 3
	路上自転車・自動二輪車等駐車場設置指針 同解説	59	1,200	H19. 1
新刊	自転車利用環境整備のためのキーポイント	143	2,800	H25. 6
改訂	道路政策の変遷	668	2,000	H30. 3
改訂	地域ニーズに応じた道路構造基準等の取組事例集（増補改訂版）	214	3,000	H29. 3
	橋梁			
改訂	道路橋示方書・同解説（Ⅰ共通編）（平成29年版）	196	2,000円	H29.11
改訂	〃（Ⅱ鋼橋・鋼部材編）（平成29年版）	700	6,000	H29.11
改訂	〃（Ⅲコンクリート橋・コンクリート部材編）（平成29年版）	404	4,000	H29.11
改訂	〃（Ⅳ下部構造編）（平成29年版）	571	5,000	H29.11
改訂	〃（Ⅴ耐震設計編）（平成29年版）	302	3,000	H29.11
新刊	平成29年道路橋示方書に基づく道路橋の設計計算例	532	2,000	H30. 6
改訂	道路橋支承便覧（平成30年版）	596	8,500	H31. 2
	道路橋示方書（Ⅰ共通編・Ⅱ鋼橋編）・同解説（平成24年版）	536	7,900	H24. 3
	〃（Ⅰ共通編・Ⅲコンクリート橋編）・同解説（平成24年版）	364	6,000	H24. 3
	〃（Ⅰ共通編・Ⅳ下部構造編）・同解説（平成24年版）	634	7,800	H24. 3
	〃（Ⅴ耐震設計編）・同解説（平成24年版）	318	5,000	H24. 3
	プレキャストブロック工法によるプレストレストコンクリートＴげた道路橋設計施工指針	81	1,900	H 4.10
	小規模吊橋指針・同解説	161	4,200	S59. 4

日本道路協会出版図書案内

	図書名	ページ	本体価格	発行年
	道路橋耐風設計便覧（平成19年改訂版）	296	7,000円	H20. 1
改訂	鋼道路橋施工便覧	649	7,500	H27. 4
改訂	杭基礎設計便覧（平成26年度改訂版）	536	7,500	H27. 4
改訂	杭基礎施工便覧（平成26年度改訂版）	394	6,000	H27. 4
	鋼道路橋の細部構造に関する資料集	36	2,400	H 3. 7
	道路橋の耐震設計に関する資料	472	2,000	H 9. 3
	鋼橋の疲労	309	6,000	H 9. 5
	既設道路橋の耐震補強に関する参考資料	199	2,000	H 9. 9
	鋼管矢板基礎設計施工便覧	318	6,000	H 9.12
	道路橋の耐震設計に関する資料 （PCラーメン橋・RCアーチ橋・PC斜張橋等の耐震設計計算例）	440	3,000	H10. 1
	既設道路橋基礎の補強に関する参考資料	248	3,000	H12. 2
	鋼道路橋の疲労設計指針	122	2,600	H14. 3
	鋼道路橋塗装・防食便覧資料集	132	2,800	H22. 9
	道路橋床版防水便覧	262	5,000	H19. 3
	道路橋補修・補強事例集（2012年版）	296	5,000	H24. 3
	斜面上の深礎基礎設計施工便覧	304	5,000	H24. 4
新刊	道路橋点検必携～橋梁点検に関する参考資料～	480	2,500	H27. 4
新刊	道路橋示方書・同解説Ⅴ耐震設計編に関する参考資料	314	4,500	H27. 4
	舗装			
	アスファルト舗装工事共通仕様書解説（改訂版）	216	3,800円	H 4.12
	アスファルト混合所便覧（平成8年版）	162	2,600	H 8.10
	舗装の構造に関する技術基準・同解説	91	3,000	H13. 9
	舗装再生便覧（平成22年版）	273	5,000	H22.11
	舗装性能評価法(平成25年版)―必須および主要な性能指標編―	126	2,800	H25. 4
	舗装性能評価法別冊 ―必要に応じ定める性能指標の評価法編―	233	3,500	H20. 3
	舗装設計施工指針（平成18年版）	345	5,000	H18. 2
	舗装施工便覧（平成18年版）	374	5,000	H18. 2
	舗装設計便覧	316	5,000	H18. 2
	透水性舗装ガイドブック2007	76	1,500	H19. 3
	コンクリート舗装に関する技術資料	70	1,500	H21. 8
新刊	コンクリート舗装ガイドブック2016	348	6,000	H28. 3
新刊	舗装の維持修繕ガイドブック2013	234	5,000	H25.11
新刊	舗装点検必携	228	2,500	H29. 4

日本道路協会出版図書案内

	図書名	ページ	本体価格	発行年
新刊	舗装点検要領に基づく舗装マネジメント指針	166	4,000円	H30. 9
改訂	舗装調査・試験法便覧（全4分冊）（平成31年版）	1,929	25,000	H31. 3
道路土工				
新刊	道路土工構造物技術基準・同解説	100	4,000円	H29. 3
新刊	道路土工構造物点検必携（平成30年版）	290	3,000	H30. 7
	道路土工要綱（平成21年度版）	416	7,000	H21. 6
	道路土工-切土工・斜面安定工指針（平成21年度版）	521	7,500	H21. 6
	道路土工-カルバート工指針（平成21年度版）	347	5,500	H22. 3
	道路土工-盛土工指針（平成22年度版）	310	5,000	H22. 4
	道路土工-擁壁工指針（平成24年度版）	342	5,000	H24. 7
	道路土工-軟弱地盤対策工指針（平成24年度版）	396	6,500	H24. 8
	道路土工-仮設構造物工指針	378	5,800	H11. 3
改訂	落石対策便覧	414	6,000	H29.12
	共同溝設計指針	196	3,200	S61. 3
	道路防雪便覧	383	9,700	H 2. 5
	落石対策便覧に関する参考資料―落石シミュレーション手法の調査研究資料―	422	5,800	H14. 4
トンネル				
	道路トンネル観察・計測指針（平成21年改訂版）	291	6,000円	H21. 2
改訂	道路トンネル維持管理便覧（本体工編）	448	7,000	H27. 6
改訂	道路トンネル維持管理便覧（付属施設編）	337	7,000	H28.11
	道路トンネル安全施工技術指針	457	6,600	H 8.10
	道路トンネル技術基準（換気編）・同解説（平成20年改訂版）	279	6,000	H20.10
	道路トンネル技術基準（構造編）・同解説	296	5,700	H15.11
	シールドトンネル設計・施工指針	426	7,000	H21. 2
改訂	道路トンネル非常用施設設置基準・同解説（令和元年版）	140	5,000	R 1. 8
道路震災対策				
	道路震災対策便覧（震前対策編）平成18年度版	388	5,800円	H18. 9
	道路震災対策便覧（震災復旧編）平成18年度版	410	5,800	H19. 3
改訂	道路震災対策便覧（震災危機管理編）（令和元年版）	350	5,000	R 1. 8
道路維持修繕				
新刊	道路の維持管理	103	2,500円	H30. 3
英語版				
新刊	道路橋示方書（Ⅰ共通編）〔2012年版〕（英語版）	151	3,000円	H26.12

日本道路協会出版図書案内

	図書名	ページ	本体価格	発行年
新刊	道路橋示方書（Ⅱ鋼橋編）〔2012年版〕（英語版）	458	7,000	H29.1
新刊	道路橋示方書（Ⅲコンクリート橋編）〔2012年版〕（英語版）	327	6,000円	H26.12
新刊	道路橋示方書（Ⅳ下部構造編）〔2012年版〕（英語版）	586	8,000	H29.7
新刊	道路橋示方書（Ⅴ耐震設計編）〔2012年版〕（英語版）	401	7,000	H28.11
新刊	舗装の維持修繕ガイドブック2013（英語版）	306	6,500	H29.4
新刊	アスファルト舗装要綱（英語版）	232	6,500	H31.3

※ 消費税は含みません。

発行所 （公社）日本道路協会 ☎(03)3581-2211

発売所 丸善出版株式会社 ☎(03)3512-3256
　　　　丸善雄松堂株式会社　学術情報ソリューション事業部
　　　　法人営業統括部　カスタマーグループ
　　　　TEL：03-6367-6094　FAX：03-6367-6192　Email：6gtokyo@maruzen.co.jp